我们向往的生活

12 道家常菜的生活哲学

《向往的生活》节目组 著

廣東旅游出版社
GUANGDONG TRAVEL & TOURISM PRESS
悦读书·悦旅行·悦享人生

中国·广州

图书在版编目（CIP）数据

我们向往的生活：12 道家常菜的生活哲学 / 《向往的生活》节目组编著 . 一广州：广东旅游出版社 ,2019.10
ISBN 978-7-5570-1967-9

Ⅰ . ①我… Ⅱ . ①向… Ⅲ . ①人生哲学一通俗读物 Ⅳ . ① B821-49

中国版本图书馆 CIP 数据核字 (2019) 第 157924 号

总 策 划：《向往的生活》节目组
出 版 人：刘志松
执行策划：周可 张捷
执行编辑：刘瑛
责任编辑：方银萍 王云
手绘插图：李月香 李雄飞 废梁 綿花一朵 elllustration
封面及装帧设计：万瑨卿
责任技编：冼志良
责任校对：李瑞苑
图文统筹：王丹 方媛 蔺鹏 冯莹莹 姚卿 孙卯宁 张呈昊 高艳菲

我们向往的生活：12 道家常菜的生活哲学
Women xiangwang de shenghuo：12dao jiachangcai de shenghuozhexue
广东旅游出版社发行
（广州市越秀区环市东路338号银政大厦西楼12楼）
邮购电话：020-87348243
深圳市希望印务有限公司印刷
（深圳市坂田吉华路505号大丹工业园A栋二楼）
开本：787毫米 ×1092毫米 1/16 印张：20 字数：120千字
2019年10月第1版第1次印刷
定价：58.00 元

目录

目录

序

黄磊

有人说：自己的工作就是自己喜欢的事情——这是非常奢侈的人生。而在我的人生中，有三个喜欢的事情也许是可以一直做下去的工作：第一，是“乌镇戏剧节”；第二，是“暗恋桃花源”；第三，就是“向往的生活”了。何老师跟我的区别就是他的第一应该是“快乐大本营”。

我参加过不少综艺节目，《向往的生活》是唯一一个录制不像录制、收工不像收工的节目。每一轮录制结束，新的嘉宾要来了，可是老的嘉宾们都不想离开，我们也不想送他们走。每次大家劳作一天后，夕阳西下，大家围坐在一起，享用粗茶淡饭，以及享受饭后的发呆时光，都让人不知不觉间着了迷。奇妙的是，很多朋友，在城市里的时候，都很难得一起见上面吃上饭，而在这里，我们却有大把的时光可以挥霍，这可以说是比较“享受”的工作了。

说起这个节目的缘起，最初是因为我跟何炅——我们作为认识20年的好朋友，一直有个心愿——就是想一起做点儿除了“暗恋桃花源”话剧以外的别的工作。我提议我们两个人做一档访谈节目，因为我一直觉得中国的访谈节目，尤其是娱乐性的，多数都是由女性担任主持人，而男性担任访谈节目主持人的好像都是相对比较严肃的时政经济文化类的节目。如果有两个男性去做一档相对轻松的生活类娱乐性的访谈节目，可能是一个很有趣的方式，这一点何老师也蛮认同我的建议。

何老师是一个非常优秀的主持人，我们俩都在大学教书多年，又一直从事文化的工作，自认为我们好像在圈内有很多的好朋友有话可说，有话想说，也有话能说。于是我们两个人一拍即合，但又想到也许我们俩坐下来做访谈节目会有些干巴巴的，显得没水分不营养，于是我提议说我来做饭（原本何炅也经常吃我做的饭），他来当个服务员搞接待顺便负责聊天，活泼愉快有滋有味地进行一场对话。再后来我们又提到了加一个服务员，“一个厨师两个服务员”，就这样有了最初《向往的生活》雏形。

直到我们遇到王征宇，他大胆地提了一个想法，建议我们一起到乡村田园去过一段向往的生活，后来就有了今天这个节目的形态。与其说这是一个做饭的节目、美食类的节目，或者是一档真人秀，我都更加认为它其实最最基础的形态就是一场访谈，而这访谈没有落在沙发上，或者是书桌前，而是在土炕土地土灶上、田野乡村小溪边、湖畔山顶丛林间，是在所有最贴近我们初心的大自然里。我们敞开心扉将心中积存已久的感情和留存的记忆、将一起经历过的人生和看过的风景以及看过风景之后的心情分享了出来，这就成了我们向往的生活。

我喜欢做菜，喜欢在节目中担当“黄小厨”的角色，我把对大家的爱，对大家的情感，对大家的祝福，都做进了一道道的饭菜里，传递出去。我喜欢看大家吃着美食陶醉的样子，一道菜，一份爱，这就是生活该有的味道。

你若问我们向往的生活究竟是什么？我想在节目中每个人都表达了自己最深刻的感受。我向往的生活是什么？现在大家应该都记得很清楚，我在节目中反复地讲过，可我还想在这篇小小的序言中再说一次，我向往的生活可能可以代表我们所有的人，代表所有参加过节目的人，甚至代表更多的寻常百姓，那就是国泰民安。我希望我们身边的每一个人都过着平静自然朴实的生活，我们都爱自己的家人，爱自己的工作，爱自己琐碎而美好的日常，从点滴做起，爱家爱国爱民族。

有一篇对《向往的生活》的评论，我非常喜欢，它静静地诉说着蘑菇屋的过去、现在和将来——

人是一种太过孤独的生物，终有一天父母会离去，朋友会疏远。永恒的爱情只是童话，世间多的是劳燕分飞的故事，生命中遇见的大多数人，无论当初多亲密，也只能陪你一段而已，绝大多数时刻，你都是孤身一人在面对世界。而相伴的时刻有多温存，孤独的日子就有多深刻。

但《向往的生活》的世界不一样，那里的家人永远都在，永远相亲相爱；动物们也在，即使他们长大了有了自己的伴侣，也不会离开，依然像幼时一般；朋友常常会来，无论是相交多年还是初初遇见，总有人来；甚至草木花鸟也有灵性，每日展颜与你相会。

任世界斗转星移，这一切都不变，因此我才不会孤独地面对未知，我不会感到陌生害怕，我只会感到好奇。

一眨眼蘑菇屋从南到北，但何老师、黄老师在，大华在，还来了个彭彭；大华去读书了，子枫来了；动物们都长成了大人模样，连小狗都有了女朋友，生了小宝宝，可该有的一个都不少；甚至连锅碗瓢盆也都是老院子里的旧物。何老师说他像做了个梦，这可不就是梦吗。

现实世界可就不一样了，大多的故事走向，是“人面不知何处去，桃花依旧笑春风”，桃花年年都开，人聚了又散，你永远只是你而已。

但蘑菇屋不是，蘑菇屋的一切都没有散，你看，阔别一年，打开电视，一大家子整整齐齐，朋友越聚越多，永远不孤独。

向往的生活也许就是——你永远不会孤独。

最后我还有一个向往，就是我向往有煤气灶的生活，这一点我绝不会改变。

快乐中国
BE HAPPY
湖南卫视
何炅
黄磊
刘宪华(Henry)
Enter
江中猴姑米稀
向往的生活
城市无法给你的，山可以！

快乐中国
BE HAPPY
湖南卫视
江中猴姑米稀
向往的生活
彭昱畅
黄磊
刘宪华(Henry)
何炅
我们在一起，
就是向往的生活

快乐中国
BE HAPPY
湖南卫视
特仑苏
向往的生活
欢迎回家

蘑菇屋

北京·密云

第一季蘑菇屋位于京郊密云，静卧在雾灵山脚，距北京城两个多小时的车程。朴素的土砖瓦墙，搭配院子西南角的小木门、三格石子垒的鸡圈，隐匿在田地之间。黄老师和同伴们亲手搭建的灶台与一口洋井、一方石磨，迎接了《向往的生活》第一批来客。

水彩画 / 废梁

蘑菇屋

浙江·桐庐

第二季蘑菇屋傍着秀丽的富春江。从杭州出发，只需一个多小时，就能达到桐庐旧县街道合岭村，这里是元代书画大家黄公望笔下《富春大岭图》的实景地。江南水乡、隐世村落氤氲着时光流逝的厚重，推开古朴木门便是宽敞庭院、小巧凉棚。几亩田地环侍两层小楼，竹制桌椅上煮茶迎客，如现实版的桃花源。

水彩画 / 废梁

蘑菇屋

湖南·古丈

第三季蘑菇屋躲藏在湖南湘西的大山里，古丈县默戎镇翁草村。村落群山环抱，炊烟袅袅升起，农家依山随势，层层叠叠地散落。蘑菇屋黑瓦木墙，一条小溪从门前潺潺流过，庭院里花草满种，鸡鸣犬吠热闹非凡，屋子正门上的大红对联洋溢着喜气，独特的苗家气息扑面而来。

水彩画 / 废梁

来qie了!

东北话 qie= 客人

第一季嘉宾

宋丹丹、巴图 / 王中磊 / 陈赫 / 惠若琪、丁霞、袁心玥 / 海清、李解、王晴、杨冬、曾晖 / 大张伟 / 董子健 / 谢依霖、陈都灵 / 李冰冰、任泉 / 魏大勋、杨迪、王倩 / 白百何 / 谢娜、赵丽颖

第二季嘉宾

徐峥、王砚辉、王艺诺、王渊慧 / 张杰、金玟岐 / 张绍刚、李诞、池子 / 潘粤明、李小冉 / 赵宝刚、宋丹丹、王珞丹、巴图、张子枫 / 戚薇、佟丽娅 / 武大靖、韩天宇、刘国梁 / 陈都灵、沈月、沙溢 / 刘纯燕、陈子由、毛不易、刘维、赵诚宇、于文文、安悦溪、吴映洁 / 黄渤、于和伟、王迅 / 杨颖、倪妮、吕思清

第三季嘉宾

周笔畅、叶一茜、黄雅莉、纪敏佳、黄舒骏 / 凤凰传奇、筷子兄弟 / 陈伟霆、张钧甯 / 张继科、刘璇、王弢、潘石屹 / 老狼、毛不易、池子、尤长靖、李子璇、仝卓、黄子弘凡、刘雅瑟 / 吴亦凡、容祖儿、宋茜、陈乔恩、王丽坤 / 陈飞宇、何蓝逗、任贤齐、张柏芝 / 魏大勋、王大陆、谭松韵、蒋雪鸣 / 鹿晗、滕华涛、陈赫 / 暗恋桃花源剧组 / 刘宪华

彩灯 / 尼古拉斯·灯（番鸭）

蘑菇屋里有很多美好的事情，奇妙的缘分。
到访的每一个客人，都成为蘑菇家族的成员。

粉红猪（治愈沙发）

锅 / 碗 / 瓢 / 盆（四只柴犬

小黄 / 小白 / 小花（鸡）

小鸭（十二只）

冷漠团队
（导演、摄像）

苏苏（奶牛）

点点（波尔山羊）
天霸（羊）

何炅　刘宪华　彭昱畅　黄磊　张子枫

碗　瓢　盆　H　O

小 H（柴犬）
小 O（柴犬）

致我们向往的生活

文 / 阿饼

居住在植物繁茂的地方，就很容易被它们散发出来的强烈生命力所征服。

无论是北京密云、杭州桐庐，还是湘西土家族苗族自治州古丈县默戎镇翁草村，或更多我们叫不上名字来的县城、乡镇与村庄。来到这里，相当于从手机触摸屏上消失——他 / 她不再是某红人明星、某富商大贾、某世界冠军或任何领域的执牛耳者，他们卸下了妆容与滤镜，摆脱了一切身份——自然而然地开始劳动——搭灶、砍柴、生火、洗碗、喂羊、抓鸡、捞鱼、做窝、铺床叠被、插秧、采蜜、挖笋、炒茶、收玉米与晒菜干……

这种“日出而作、日落而息、自力更生、自给自足”的躬耕生活，放在今天，代表着“新乡村”生活方式——小规模生产、自给自足、作物多样化、使用传统方式、完全尊重当地生物多样性以及农业和生态之间有利互动的乐土，是国际慢食运动创始人、影响全世界生活态度的灵魂人物卡洛·佩特里尼（Carlo Petrini）所发起与提倡。佩特里尼认为，在过去，从耕作、加工到消费乃至欢喜享用，“用一条像是脐带的东西联结着，而今这条脐带已被切断”。“新乡村”模式或许是重新串起这段关系的绳结。

“蘑菇屋”改变着每一位入住者的时间密度。推开院子的这扇木门，你就能迅速戒除光怪陆离的城市生活。这意味着你放下平常所关注的事物——白日梦、压力与计划，开始关注一些身边的事物，把它们记录下来，并尝试着实现一点天马行空的构想；或者与老友回忆上个世纪的初识趣事，做最“无聊”最“幼稚”又最“好玩”的小游戏。

而诸如一只烧鸡 600 根玉米、一份佛跳墙 800 根玉米、一罐冰可乐 50 根玉米、一盘虾 300 根玉米、3 只鲍鱼 20 元、采蜜被蜜蜂蛰一个包 10 元、天然蜂蜜一罐 30 元、水果预算不能超出 50 元等等这些琐碎的流水账，读起来就像一首诗。它们本身就是生活、生命——life，也是活着、现场——live。

蘑菇屋的主人和他们的朋友，一手可以拿笔，也可以拿斧子和铲子，还可以拿木吉他或小提琴；他们的眼睛不仅看书，也看绿树、青草、落日和闪动着波光的湖水；他们的脑子也在思考，在接近思维之根的地方思考，因为这里大概也埋着感觉之根、情感之根、关系之根。

在蘑菇屋，关系有很多种，挚友、师生、闺蜜、邻居或初识。每位客人都带着自己的故事，化成节目的调料，圆融了每个人的回忆，更增添了黄小厨每道菜的风味——给喜甜的小姑娘用正好熟的红果淋上焦糖做了冰糖葫芦，给北方的大张伟做了碗炒肝，给一群好吃的“孩子们”用灶烘出了蛋糕，给特地过来串门的孙红雷做了“赛螃蟹”，给前一天过生日的白百何做了草莓千层蛋糕……“蘑菇屋”温暖的客厅接待着南来北往的客人，用精心制作的美味食物和满满的情意。

2000年初，给学生拍舞台剧时过劳患上心脏病的黄磊，在他的电视剧作品《似水年华》里独白：“我希望我得到的少一点再少一点，我也希望我的生命短一些再短一些。”19年后，他说，他愿意胖一点儿，再胖一点儿，就一直在厨房做饭。幸福变得简简单单：就是等待一些我们明知将会发生的事情，如同春夏秋冬、阴晴圆缺与悲欢离合。

最妙的是，完成这一切后，你还有多余的时间。这儿的时间像一只温驯的老狗，在你的脚边躺下，你甚至没发觉它就在那儿——对，也包括一边刷着手机点外卖，一边给这档慢综艺节目发弹幕的你。

屏幕里，他们在大啖美食与细品人生，而你呢？一个人拿着手机，看着视频，缩在自己的世界，误以为那就是陪伴与交流。对这样一档综艺节目的守候与陪伴，看着别人过着一种自己久违了的生活状态，会不自觉地代入其中，这恰恰反映了现代都市症候群内心深处的孤独与渴望——家与亲情。

蘑菇屋无疑是完整的一个家，住着完整的一家几口——黄磊像一家之主的父亲人设，搭建灶台做饭，解答疑难问题；何炅是母亲，操持家务，温暖顾家；刘宪华与彭昱畅是儿子人设，调皮、活泼、缓和气氛，张子枫则是那个乖巧安静的小女儿。正如节目开头的那句话：“我们在一起，就是向往的生活”，朴实又有哲理。

这些身份与角色可以说是“人设”，却又是无法复制的最适合的天注定。

熟悉的观众们都知道，黄磊与何炅在话剧《暗恋桃花源》里坚守了20年的坚贞友谊，圈内人人敬仰的何老师，是黄磊女儿多多口中的“小何炅”。在节目当中，何炅也完全卸下了的大家眼中“很厉害”“掌控全局”的形象，有什么事搞不定只需要高呼黄老师即可，黄磊自然会颠颠儿地过来帮他。每当有客人提起他们的友情时，他俩总能信手拈来一些从前真实又有趣的小段子，每次都逗得听者或是捧腹大笑，或是惊掉下巴，最后则总是以何炅一句表白、黄磊一个举杯作结，满是默契。

而他们俩的“大儿子”——憨厚、逗笑又花痴的大华，其实是毕业于美国伯克利音乐学院的音乐创作才子；“小儿子”——毫无顾忌吃大碗饭的“地主家的胖儿子”“吃播少年”彭彭，其实是入围金马奖最佳男主角提名的“下一任影帝”；“女儿”——乖巧、安静得如你家亲妹妹的张子枫，则是00后“老戏骨”了。

就像那些原本时髦光鲜的城市白领Jack、Mary一到过年回乡就变成了狗蛋和翠花一样，“向往的生活”擦掉了一层一层的粉，逐步还原生活更粗砺本真的面目：精致的是别人眼中的我的生活，但现在我要过真实的生活。不再刻意凹造型，不再刻意抛梗，而是呈现更加自然更加生活化的场景，例如全家炕头瘫玩成语接龙、“父亲”黄磊教大华做人道理、彭彭和子枫兄妹俩一起转呼啦圈……

每次家里“来且”（来客人）了，也是全家一起准备料理与住宿。娃们下地摘玉米与插秧、大人之间闲聊家常、吃完饭后一起唱歌，就像邻里之间的串门儿，没有戏剧性的冲突情节，淡如水的相处里饱含着有朋自远方来时的喜悦。这些早已消失在我们城市生活的场景，又都回来了。

四季流转的自然风光、原生态的淳朴民风、真实粗砺的乡村生活、充满烟火气的家常菜与用时间沉淀出来的情谊——这些让人感觉熨帖舒适的“向往的生活”方程式，最终导向了这档开创中国慢综艺节目类型先河的《向往的生活》。

然而，这并不是快生活与慢生活的划分，也不是城市生活与乡村生活的对决，而是专注与分神的区别。放慢并不是能持续多久的问题，与分辨评估事物的能力一样，它的重点是培养乐趣、知识与品质。诗人波特莱尔说："内在的经验，是在生活之内的行走，不是和现实保持距离，而是，近看事物且邀入我们的生活。"

《连线》（*Wired*）杂志创始主编、科技思想家凯文·凯利（Kevin Kelly）是新科技的狂热代言人，但他自己却不使用智能手机、笔记本电脑，家里也没有电视。凯文还会到亚洲的一些村落去旅行，一去就是几个月，不带电脑。他写道："我尝试保持自己与各类科技的距离，这样我才能更容易记得我是谁。"

为什么要急于成功？如果一个人跟不上他的伙伴，那也许是因为他听到的是生命的另一种鼓点，遵循的是生活的另一种节拍。缓慢生活、感官活动及终身学习彼此是相容的，它能重建社会共同的归属感，人们借此会面、互相协助及加强交流。这时，你注意的不再是娱乐八卦、政治纠纷或心灵鸡汤，当你不自觉地与报纸和新闻擦肩而过，屋门山边的一道彩虹、深夜掠过树林的三两只白鹭都会成为值得重视的大事件。

其实也不是非要到蘑菇屋。革命的苦行也可在城市中心进行。消费社会为我们提供了抵制它的选择，只需少许自律即可。在物资丰富的时代，我们可以自由选择——是过着脑满肠肥的生活，还是在劳作、体察、分享的低语间度日。后者无需离开公寓，也能回归内心田园。

因为你知道，在世界角落的某座山，山间有一幢小木屋、一群人和一种生活方式，你心向往之。

《向往的生活》江南篇录制地点——浙江桐庐旧县合岭村蘑菇屋。

CHAPTERS

儿时de味道

水彩画 / 李月香

农家乱炖

客　人：宋丹丹、巴图
主　厨：黄磊
食　材：猪肉、土豆、豆角、葱、姜、蒜、茴香、酱油
做　法：
1. 葱、姜、蒜和茴香煸炒后，加肉；
2. 加入酱油、水；
3. 土豆切块并倒入锅中；
4. 加入豆角一起焖煮。

儿时的味道

文 / 罗德岛

如果有时光机器可以回到过去，我只想抱抱小时候的自己。

——朱德庸《绝对小孩》

“味道”这个词，味道有点多。

“草莓的味道是甜的。”——这里的味道是指嘴巴尝到的滋味。

“什么味道这么香？”——这里的味道显然是鼻子闻到的气味。

“那个女孩不漂亮，但很有味道。”——你知道这个女孩肯定有某种趣味，让你对她比漂亮姑娘还好奇。

无论滋味、气味还是趣味，指向的都是一种感觉。

儿时味道，就是那些能激活你童年记忆的一切感觉。

童年记忆总是美好的。一方面因为每个人都会在潜意识里不断加工，一方面也因为人在孩童时对苦难的感受并不强烈，因此哪怕获得一点小小的“甜头”也很容易满足，并将之无限放大，变成自己儿时味道的底色。其实我们每个人早在儿时就自带了“离苦得乐”的慧根，只不过这种能力随着成长反而渐行渐远，多数人还需要借由各种修行法门去重新唤醒。儿时的味道对于成年后的我们便是这样一道法门，一旦味道对上了，便能瞬间激活我们对接快乐美好的能力。

父母做的饭，味道叫做家

有人说，儿时的味道是一生的导航。儿时的记忆，似乎随着年龄越大越鲜明，儿时的味道，也便成了一个人叶落归根时执著的向往。那些品过世上各种山珍海味饕餮盛宴的美食家，说起最喜欢最难忘的一道菜，恐怕只是妈妈做的一碗面。因为儿时记忆里的这碗面并不只有食物的色香味，还有每次品尝时的情境、人物、事件，它是调动你眼耳鼻舌身意、全息的呈现，因此它会来得尤其真切和深刻。

很多人对自己记忆中的儿时味道甚至有些偏执，长大后品尝起儿时的味道，要么总是摇头感叹“再也找不到那个感觉了！”，要么干脆不轻易品尝。

谁能想到杨颖吃起红烧肉来连肉汁都不放过？她甚至有个原则，只吃妈妈做的红烧肉。为此，她轻易不在外面吃这道菜，怕破坏记忆中的那个味道。直到吃上黄磊做的红烧肉，发现“真的有我妈妈的味道”，便开启了一口红烧肉一口肉汁拌饭的节奏，全程演绎“吃红烧肉的时候一句话都不想说，有这红烧肉我就有了全世界”的意境。事后，她丈夫黄晓明甚至还微信问黄磊这道菜怎么做。

韩剧《请回答 1988》里，双门洞的几个妈妈一到饭点便站在家门口扯着嗓子喊各自孩子名字的场景，戳中了不少人的记忆痛点，小时候被妈妈这么无数次呼喊过的同学，看到这儿都会会心一笑吧，那些现在一年只能吃到几次家里饭的同学，估计得泪目了。

算起来，“你妈喊你回家吃饭”这个梗已经是十年前的事了。梗的原意估计很多人都忘了，但“回家吃饭”这句话好像持续在公共舆论场里鲜活着。要么是跟着某某大米或调味料的广告出来，要么被健康亲情类话题文章拿它作了标题。似乎回家吃饭或在家做饭成了一件需要提倡的事，比如表扬某人：你可以说他今天居然回家吃饭了；或者表达委屈：我都连着一星期没回家吃饭了。

上了一天班还要回家做饭的确很累。但是对比着想想，在没有外卖、超市、煤气灶、抽油烟机、热水器甚至自来水的年代，我们的父母也是上完一天班或干完地里的活儿，天天做饭给我们吃，而且每顿饭都要从生火开始做起。

爸妈忙活做饭，孩子也没闲着。生火的时候递柴，烧蜂窝煤的就看炉门。接下来，淘米、洗菜、摘菜、剥蒜……有爸妈在一旁看着教着，做事也像玩儿一样。打下手的日子长了，能力也一步步进阶，那些本来有兴趣、动手能力又强的，剖鱼杀鸡也就这么学会了。

就像黄磊，除了炒菜、做饭之外，连点心、蛋糕都拿手，搭灶生火、做泡菜腌梅干菜什么的感觉也只是捎带手的事。问他是怎么学的，黄磊说，我妈妈会做这个，所以我就学会了。

怀旧，谁还没个童年回忆？

随着“00后”的陆续成年，他们也开始迫不及待地加入怀旧行列。怀旧之风恨不能每年“刮”一次，“永远有人17岁，但没有人永远17岁”，怀旧是每个年龄段的权利，你没老过，我可是年轻过，谁还没个童年回忆？

那些童年生活里给我们带来快乐美好的人、事、物，成为一代代人共同的回忆，每当提起时都好像就在昨天，从未走远。

金龟子姐姐刘纯燕，看过她节目的观众应该覆盖了从“80后”到“00后”三代人。每次她在公共场合出现，就有一波人惊呼“感觉自己还活在童年里”。

“90后”毛不易第一次与金龟子一起吃饭，便一脸粉丝遇见偶像的激动，想不到此生有一天会跟金龟子姐姐同桌吃饭。吃完饭一众人围坐一圈聊天，毛不易一改平时话少羞涩的样子，主动向刘纯燕提问，感觉是攒了一肚子问题终于逮到了机会——“一直做少儿节目主持人，需要保持开心的状态，您的内心应该很强大？”现场一圈人从“60后”到“90后”笑着闹着，仿佛坐上了时光机，重返童年。与刘纯燕道别时，毛不易说：“感谢有您，给我们的童年带来那么多快乐；因为您，我们长成相对比较好的大人。”

不管什么时候，任何场合，说到童年趣事，都是能引起大家共鸣的话题。宋丹丹是个“有故事的人”，更是个“会讲故事的人”，什么话从她嘴里说出来都特别有喜感。她记性特好，已做祖母的她说起自己的童年趣事如数家珍，她能记得自己童年、姐姐哥哥童年唱的歌，甚至能整段地背诵小学语文课本里的内容——“贫农张大爷，手上有块疤，大爷告诉我，这是仇恨疤”——这是“60后”特有的童年记忆。

谁能想到宋丹丹还有个曾用名叫宋常英？因为妈妈喜欢美术，姐妹几个的名字都是颜色系：莹、青、丹。后来姐姐觉得不够有时代气息，决定上派出所改名，宋丹丹变成了宋常英，妈妈知道登时让改了回来，但是常英却成为曾用名永远留在了她的户口本儿上。节目中，何炅也聊了自己名字的故事，由于哥哥叫何昊，何爸爸想继续走“日”字系，在“旦”“炅”之间犹豫，“何旦”（谐音“核弹”），宋丹丹笑说“那你会比现在更火”！

现在人用“回忆杀”这个词来强调记忆里难忘的、抹不掉的某个瞬间。

相信在许多“70后”和“80后”的童年里，爆米花一定在回忆杀的名单里。这种爆米花，味道还在其次，最过瘾的其实是等待并观看米花爆出的整个过程。

那时候吃爆米花靠等，一般要到冬天农闲时，才有人担着一应工具出现。常常是担子刚落地，就有小孩开始占位了，很快地，围着爆米花摊担，就排起了长龙，附近大小孩子都出动了，热闹得像赶集一样。爆米花的人倒是一副漫不经心的样子，无论抽烟、聊天、打哈欠，一点都不耽误手上活儿的顺畅熟练。将米花机立起来，装进米或苞谷，然后打平放在火炉上，摇着把手开始炒米。米花机一端安着一个圆形小仪表，用来测压力。等到最关键的一下了——米花机被塞进一个麻袋口，打米花的人撬开米花机“临门一脚”，只听“嘭”的一声，放炮仗一般，打好的米花便礼花一般落在了麻袋里。

不管对整套程序多么熟悉，每次“观礼”时，小心脏仍能像第一次那样活蹦乱跳。直到捧起冒着热气儿的米花往嘴里一塞，齿颊间香味充盈，童年味道就这么全息投射进记忆里了。

童年的感觉，这么快，那么慢

几年前，有一段30秒左右的视频，在社交媒体引发3800多万次点击。而视频的内容，不过是幼儿园的孩子在雨中滑滑梯、泥潭中打闹的场景。这些孩子浑身上下全是泥，兴奋地尖叫着，开心地欢笑着，一次又一次地从滑梯摔到泥里，畅快翻滚，有三位小朋友干脆坐在泥水里，玩起了团队划船，嘴里还喊着“一、二、一、二”的响亮口号。

《人民日报》在当年的六一儿童节时评里，还特别提到这个视频，认为是孩子们单纯的快乐体验，感染了无数成年人。我猜想，被感染的成年人中，大部分是回忆起自己小时候快乐的情景了吧。

这段视频是新西兰一家幼儿园的老师放到网上的，孩子们玩的是在新西兰的幼儿园和小学非常常见的“Dirty Play”游戏，即“湿乎乎、乱糟糟、脏兮兮”游戏。游戏内容包括带着孩子去山上探险、在泥里打滚、拿各类可洗的彩笔涂料往身上脸上画。

这种“Dirty Play”游戏之所以让孩子们乐此不疲，是因为它具备了孩子“好玩儿”的全部要求，那就是不受约束地、用简单易行的方式满足无穷尽的好奇心——这种好奇心很大程度上包括了打破常规、试错；当然了，还有很重要的一点：与小伙伴一起。

玩是孩子的天性。连总是“一脸深沉”的鲁迅先生都说过：游戏是儿童最正当的行为。对于成年人来说，儿时味道的迷人却不可逆，不就是因为可以彻底地、真正意义上做到自由自在地玩、无忧无虑地笑吗？

童年是快乐不知时日过。张爱玲在《童言无忌》里就说，“童年的一天一天，温暖而迟缓，正像老棉鞋里面，粉红绒里子上晒着的阳光。”

儿时，我们都好期待暑假能永远持续下去，而在等待圣诞节（春节）的时候，又总觉得永远遥遥无期。“为什么小时候觉得时间过得很慢，长大后又觉得时间过得很快？”知乎上关于这个问题被上万人浏览过。小时候，每个孩子对于这个世界的疑问，一本《十万个为什么》都答不过来。

罗大佑的《童年》唱尽了童年的美妙和无奈。不管是这么快，还是那么慢，都是时光赋予的、儿时特有的节奏。如巴尔扎克所说，童年原是一生最美妙的阶段，那时的孩子是一朵花，也是一颗果子，是一片朦朦胧胧的聪明，一种永远不息的活动，一股强烈的欲望。那时的孩子用他们特有的节奏，渐渐茁壮成长为现在的我们。

劳作

拾柴火

打煤球

炉灶进化史 砌泥灶 >> 煤炉 >> 煤气炉

曾经的生活技能必备，每一样都关乎最终能不能吃上一口热乎的饭菜。都说看花容易绣花难，小时候看大人干这些活儿，不过举手投足而已，等到自己上手一试，才知道柴火不是随处可捡，打煤球一不小心就散了形。至于生火垒灶，可能你胸中之火早已燃至头顶，而灶中之火却濒临奄奄一息。当然了，劳动完，流过汗，饭菜也吃得特别香，人也会变得结实。

游戏

抽陀螺

滚铁环

拍画片

跳皮筋

每一代人有每一代人的童年记忆。二十世纪六七十年代，小伙伴们都没什么玩具，跳皮筋是孩子们最喜欢的娱乐之一。每天放学后约上三五同学，选好一个地方，大家就开始跳皮筋。游戏规则一般是这样的：分两组，以石头剪子布决定谁先跳。后跳的一组选两个人撑皮筋。无论跳什么花样，皮筋高度都要从踝关节跳到头顶，称为：脚脖—腿肚—膝盖—大腿—腰—肩—细脖—头顶，有的还要加上大举（手撑皮筋，两臂高高举起），还有跳手脖的、跳手指的。跳的节奏也分：普通，飞（没有停顿快速跳完一套），颠（跳每个步骤前都要原地跳两下）。跳的一组可以一个一个轮流跳，也可以一起跳；全体顺利跳完一遍，就可以升高度了。小伙伴对跳皮筋特别痴迷，一边跳还一边念口诀，常常玩到天黑，妈妈叫好几遍吃饭了，才恋恋不舍地离开。真怀念那段童年时光！

口诀：

小皮球，香蕉皮，马兰开花二十一；
二五六，二五七，二八二九三十一；
三五六，三五七，三八三九四十一；
四五六，四五七，四八四九五十一；
五五六，五五七，五八五九六十一；
六五六，六五七，六八六九七十一；
七五六，七五七，七八七九八十一；
八五六，八五七，八八八九九十一；
八五六，九五七，九八九九一百一。

童年听过的歌，
是生命中最柔软的回忆

文 / 林葭

外婆在炎夏午后摇着蒲扇轻声哼唱的歌仔、守在录音机前一遍遍倒带学唱的那首歌、用笨拙的笔迹抄写在笔记本背面的歌词——你披荆斩棘走过千山万水，童年听过唱过的那些歌，却总在不经意间和你相遇，在人头攒动的车站、在陌生城市的街角、在某一档的怀旧综艺节目上，瞬间流出的熟悉旋律让你不自觉地跟着唱了起来。它们提醒着你，那些曾经被歌声温暖过的时光，简单而美好。

60 后 / 关键词：接班人

没有电视机、没有收音机，大部分“60 后”最初的音乐启蒙来自老师挂在黑板上的歌谱，上面抄录着早已唱得滚瓜烂熟的歌词，《我爱北京天安门》《听妈妈讲那过去的事情》《三八作风歌》《学习雷锋好榜样》《打靶归来》等歌曲都是歌谱上的常客。

“60 后”生长在红旗下，童年时代的理想是实现共产主义，做共产主义事业的接班人。“我宣誓，我自愿成为一名少先队员……”在孩子们心中，戴上红领巾是至高无上的荣誉。在物质相对匮乏的年代，是比吃到肉都开心的事，戴上红领巾的那个六一儿童节，很多孩子晚上是戴着红领巾睡觉的，《中国少年先锋队队歌》也成了当之无愧的时代最强音。

70 后 / 关键词：主题曲

“70 后”是公认的幸运的一代，物质资源不算丰富但比起前辈已有很大改善，没有电子游戏却拥有纯手工吹肥皂泡、捏泥巴烤印版画、爬树摘果子、花样叠飞机、捉虫子扑蝴蝶、跳皮筋等等各种玩到天黑还不想回家的游戏项目，他们在田野间、在大街上自由生长，如同他们所处的年代，百废待兴朝气蓬勃。

“70 后”的童年时期，录音机、电视机开始普及，他们从中学会了《让我们荡起双桨》《小螺号》《妈妈的吻》《采蘑菇的小姑娘》《年轻的朋友来相会》——一系列脍炙人口的歌曲，也学会了《恐龙特急克塞号》《黑猫警长》《巴巴爸爸》的主题曲。在跟着大人看电视剧的过程中，《少年壮志不言愁》《鞋儿破帽儿破》信手拈来。

80 后 / 关键词：港台

《小龙人》《葫芦金刚》《雷欧之歌》《邋遢大王》《舒克和贝塔》，这些经典动画片主题曲是“80 后”耳熟能详的曲目，《我的好妈妈》《春天在哪里》则是逢年过节，亲朋好友来串门时，父母要你表演的拿手节目。

“80 后”成长的年代，恰逢港台流行音乐的黄金时期，《捉泥鳅》《童年》《外婆的澎湖湾》《乡间的小路》《兰花草》《蜗牛与黄鹂鸟》等校园民谣乘着东风，从海峡对岸吹拂过来，滋养心田，翻唱者卓依婷红极一时。

除此之外，还有一些音乐片段，总能让“80 后”不自觉地嘴角上扬，它们是小霸王游戏机里超级玛丽、忍者神龟、魂斗罗等游戏的经典配乐。

90 后 / 关键词：动画片

“大风车吱呀吱呦呦地转，这里的风景呀真好看，天好看，地好看，还有一起快乐的小伙伴”——每天放学写完作业打开电视就听到这美妙的声音，这一幕很多“90 后”都经历过。

“90 后”的成长必修课从《大风车》开始，童年歌单也离不开动画片主题曲。“是它是它就是它，小哪吒”“猴哥猴哥，你真了不得”“在那山的那边海的那边有一群蓝精灵”“男儿有胆气，仗剑走天涯”——能看出来都是哪些动画片吗？和“70 后”“80 后”相比，“90 后”可选择的动画片更多了，除了国产动画片，隔壁日本的《百变小樱》《宠物小精灵》让很多“90 后”开始学会唱日语歌。迪士尼经典动画片《狮子王》、米高梅出品的《猫和老鼠》则成为许多“90 后”的英文启蒙教程，一个全新、多元、融合时代正在来临。

00 后 / 关键词：网络

《喜洋洋与灰太郎》《巴拉拉小魔仙》《猪猪侠》——当“00 后”通过电脑、手机、iPad 观看动画片，学会这些歌的时候，他们大概很难理解他们的父辈们曾经用何种途径聆听音乐，学会每一个发音，记住每一句歌词。

前面几个年代的人们怀念着童年的歌谣，“00 后”却正要用力挥别童年，向他们的少年时代奔跑。关于他们的歌单，或者在下一个十年由他们来定义更为准确。

MUSIC

小燕子 穿花衣/年年春天到这里/我问燕子你为啥来/燕子说/这里的春天最美丽 **让我们荡起双桨** 小船儿推开波浪/海面倒映着美丽的白塔/四周环绕着绿树红墙/小船儿轻轻飘荡在水中/迎面吹来了凉爽的风 **听妈妈讲那过去的事情** 月亮在白莲花般的云朵里穿行/晚风吹来一阵阵快乐的歌声/我们坐在高高的谷堆旁边/听妈妈讲那过去的事情 **妈妈的吻** 在那遥远的小山村/小呀小山村/我那亲爱的妈妈/已白发鬓鬓/过去的时光难忘怀/难忘怀/妈妈曾给我多少吻/多少吻 **可爱的蓝精灵** 在那山的那边/海的那边/有一群蓝精灵/他们活泼又聪明/他们调皮又灵敏/他们自由自在生活在那绿色的大森林/他们唱歌跳舞快乐多欢喜 **外婆的澎湖湾** 晚风轻拂澎湖湾/白浪逐沙滩/没有椰林缀斜阳/只是一片海蓝蓝/坐在门前的矮墙上/一遍遍怀想/也是黄昏的沙滩上/有着脚印两对半 **童年** 池塘边的榕树上/知了在声声叫着夏天/操场边的秋千上/只有蝴蝶停在上面/黑板上老师的粉笔/还在拼命叽叽喳喳写个不停/等待着下课/等待着放学/等待游戏的童年 **白龙马** 蹄朝西/驮着唐三藏跟着仨徒弟/西天取经上大路/一走就是几万里 **健康歌** 左三圈/ 右三圈/脖子扭扭/屁股扭扭/早睡早起/咱们来做运动/抖抖手啊/抖抖脚啊/勤做深呼吸/学爷爷唱唱跳跳/你才不会老 **别看我只是一只羊** 喜羊羊美羊羊懒羊羊沸羊羊/慢羊羊软绵绵/红大狼灰大狼/别看我只是一只羊/绿草因为我变得更香/天空因为我变得更蓝/白云因为我变得柔软

向往金曲·《心火烧》

火烧 / 心火烧 / 心扉呀 / 关不住了 / 爱情在心中大闹 / 他说那春天到了……

宋丹丹现场教学，号称“中国第一首流行歌曲”。歌词琅琅上口，旋律简单轻快。“蘑菇屋合唱团”别进行了男女声二重唱、三重唱、四重唱。网友评论：“这首歌太有魔力了，大脑里在不自觉地环播放”，“我控制不住自己了，完全被洗脑啊，根据这歌的年代，当之无愧的神曲鼻祖啊！”

CHAPTERS 2

青春de味道

水彩画 / 李月香

葱油拌面

客　人：周笔畅、叶一茜、纪敏佳、黄雅莉、黄舒骏
主　厨：黄磊
食　材：葱、面条、酱油
做　法：
1. 切好的葱段放入油锅炸干；
2. 将葱油分离，炸干的葱捞出待用；
3. 将葱油浇在热面条上并搅拌入味；
4. 将干葱放在面条上，既可食用又可点缀。

青春的味道

文 / 罗德岛

“没有青春的爱情有何滋味？没有爱情的青春有何意义？”

——拜伦

青春，本指春天，因春天草木茂盛呈青葱色，故称青春。这个解释让人几乎闻到了青草泛绿大树新芽的生生之气。

青春，后比喻年轻，也指年龄。那群追赶嬉闹着跑过来的少男少女，那么美好生动，让人想学牡丹亭里的柳梦梅，问一句“且请问芳名，青春多少？”

时代滚滚而过，人群熙熙攘攘，我们享受青春盛宴，我们品尝青春爱情，我们也因青春而迷茫。青春的味道？一如既往，从未改变，就是生命勃发的味道。

青春盛宴

2005 年夏天，湖南卫视举办的《超级女声》大众歌手选秀赛，让全国近 2 亿电视观众赴了一场青春盛宴。

眼看着，一群 20 岁上下、从自己身边，好像隔壁邻居家走出来的女孩，带着或羞怯或倔强的青涩样子第一次站在镜头前，努力将最好的状态表现出来。她们要面对毒舌评委的挑剔，要经受屏幕内外善意或恶意的目光或评价。在一轮轮选拔中调整心态保持斗志，在一次次胜负决出时体会成功与残酷的并存。

在这之前，我们也看过很多歌唱比赛人才选拔，基本上都是从专业里挑优秀、优秀里挑精英，标准很高，评委很专业，台上台下，对于电视前的我们，都是有距离的舞台的那一边，跟自己没啥关系。

这一次不同，这些是来自“身边”的女孩儿。就算有节目后期剪辑加工的因素，我们仍能真切地看到并感受到，一个有追求有梦想的年轻人，在机会均等规则相对公平的条件下，将自己的潜力激发出来，所产生的动人魅力。

黄磊作为观众中的一员，谈及当时的感受说：“大家都看到了一种很渴望、很平等的东西，是在自己身上来不及发生，或者在自己身上想发生却没发生的事情，突然在那个时间投射出来了。其实跟长得好不好看唱得好不好都没关系，就是那个劲儿。”

我想，黄磊说的“那个东西”指的是人人都有或有过的，是青春的激情；那件事情则是人人都想追求并实现的梦想；那个劲儿就是全力以赴做自己想做的。

最终，当总决赛落幕，《想唱就唱》的歌声响起，当无数的玉米、凉粉、盒饭大声呼喊他们的偶像，电视前的我们也不由地陶醉在台上台下、屏上屏下的热切的互动之中。我们就像重获青春一般，因为我们见证了像自己一样的普通人成为明星的过程，见证了一桩伟大事件的发生：青春与成功的握手。

《南方都市报》事后总结这场选秀的意义时提到，2005年《超级女声》总决赛的结果是一种明明白白的青少年趣味主宰的结果。李宇春和周笔畅的胜出，是"中性化"趣味的胜出。尽管，对女性的女性化审美趣味，一直以来都是社会主流，但在青春期的少年看来，往往"酷""帅"的女孩更受欢迎。

《超级女声》的赛制规定了年度总决选的前三甲排名，由观众的短信投票数决定。大家都知道，真正愿意并投入发短信的主力群体是青少年。玉米，李宇春的粉丝团，数量之多，集体之庞大，是所有的"粉丝"团体都比不了的。据说她们为了给李宇春拉票，什么招都使上了。2005年总决赛当晚，第一名的李宇春得票约352万张之多。

当年的青少年，正是1980年代后期出生的一代。从当时看来，这是一群生长在中国最富裕时代的幸运儿，他们已然成为文化生产和消费的最大主力，他们用投票选出了自己趣味的代表，显示出他们对流行文化的支配力，《超级女生》这个大party，就像是给他们提供的一场青春盛宴。

爱情，青春的味道

两百多年前，德国少年维特爱上了一个名叫绿蒂的姑娘，维特体验到一个人初恋时所能体验到的全部和极致。世界因绿蒂而存在，维特的生命被绿蒂整个儿激活。"快乐""激情""幸福"这些词从书面词汇变成每天的生活日常，它们让最平常的一顿饭变成美味大餐，最常规的一次散步成了全新的发现之旅。

"这世界要是没有爱情，它在我们心中还会有什么意义！"维特是这么想的，相信很多热恋或失恋中的人也曾这么想过。当绿蒂与他人结婚，维特在遭遇情场事业两失意后开枪自杀，像是在实践他自己的想法。

歌德23岁时写出了这个自传性质的故事《少年维特之烦恼》，他终其一生都非常强调初恋对人的意义。在68岁那一年，他还在《诗与真》中提到“初恋是唯一的恋爱”，因为初恋给人“恋爱的永恒性和无限性的概念”。

两百年前的这个青春初恋故事，到如今仍然让人心潮澎湃，除了“恋爱的永恒性和无限性”的感染力，还因为维特身上带出的青春独有的生命力，这种生命力是年少的轻狂、无知的冲动、单纯的喜欢，是不顾一切、不计回报的付出；这种生命力也是稍纵即逝的，会随着日益的“成熟”而消失殆尽。

作为全人类几乎共通的公众回忆，“青春”与“初恋”总是有通杀天下的威力。人们对初恋有多耿耿于怀，对青春就有多依依不舍。正如卢梭所言，青春活力，可以说是把我们整个身心都舒展开了，同时用生活的乐趣把我们眼前的万物也美化了。

2018年，《跨界歌王》第三季舞台上，徐静蕾扎着简单马尾，白裙飘飘地坐在台中唱着《匆匆那年》，幕布落下，李亚鹏手捧鲜花突然现身，不知让多少当年的青春少艾重回《将爱情进行到底》开启给他们的青春现场。

对于“75后~80前”的这拨人，《将爱情进行到底》作为中国大陆首部青春偶像剧，就像是给了他们一个青春生活状态的“样板间”，这里面有爱情、友情、大学、工作等与他们生活有关的几乎全部“板块”。这个“样板间”做得精致、文艺，又刚好是踮踮脚尖或跳一跳就能够到的样子。特别是爱情这个板块，让那一代人在琼瑶、亦舒等港台爱情之外，看到了更贴近自己生活的参照。尽管当这批人长大了以后发现样板间只是用来展示的，在里面生活会有诸多不现实、不方便，但这并不妨碍他们继续保有逛宜家的乐趣。

初恋也好，生命力也好，背后起作用的其实是青春独有的生理机制——荷尔蒙，因为有荷尔蒙的刺激，人才会做出那些可爱又可贵的傻事与怪事。《那些年，我们一起追的女孩》便透着一股子浓浓的荷尔蒙气息。小说及电影的始作俑者台湾网络作家九把刀，在拍电影之前，还特意通知小说女主沈佳仪的原型，要把电影场景放在当年的学校，要让男主柯景腾穿着当年学校的制服在大雨中喊："沈佳仪，我喜欢你！"，一切都只为"让我们的青春原地重现"。

谁的青春不迷茫

如果让《麦田里的守望者》中的霍顿与《阳光灿烂的日子》中的马小军交换人生，他们会比对方表现得更好还是更糟呢？

我觉得都不会，他俩该胡来还胡来，该迷茫还迷茫。只要他们还处在从儿童长成成人的青春阶段，在这个阶段，他们知道自己已经不是小孩了，但也不是成人，他们在两者之间游荡着，哪儿都不是他们的归宿。莎士比亚早就洞见真相："青春的特征乃是动不动就要背叛自己，即使身旁没有诱惑的力量。"

在《阳光灿烂的日子》中，马小军是这样一个人。外貌，长得不咋样，被朋友戏称为"马猴"；出生在军区大院，认为当兵才是一个男子汉真正的归宿。无奈他性格懦弱却还喜欢逞能，被警察误抓并训斥，吓得当即哭诉和求饶，回到家后，却对着镜子幻想对警察的报复。外貌加上性格的"缺陷"导致马小军几乎得不到女孩子的注意，更别说青睐了，无论是余北蓓还是米兰。他无法让自己变得像偶像刘忆苦那样"长得精神""打起架来手特黑""能经常带些外院的女孩子来玩"，就如他没法揪着自己的头发离开地面。

于是，他只能干一些小玩闹——逃学、溜门开锁、吸烟、打架、“圈”女孩子，与所有在那个读书无用的年代的普通孩子无异，发泄自己旺盛的精力，以逃离人在这个时期最害怕的无目的的无聊及躁动不安。

霍顿成长于富裕家庭，上的是贵族学校，同样感到生活虚空而无聊。他觉得老师、父母要他读书上进，无非是要他“出人头地……以便将来可以买辆混账凯迪拉克”。他对那些热衷于谈女人和酒的人十分反感，对校长的虚伪势利非常厌恶，看到墙上的下流字眼便愤愤擦去。但他又无力改变这些现状，于是选择不求上进、追求刺激、玩世不恭来消极反抗，他抽烟、酗酒、打架、调情，甚至找妓女玩。

最后甚至想逃离这个现实世界，到穷乡僻壤去装成一个又聋又哑的人。

谁的青春不迷茫？谁不想逃离这个庸俗的世界？马小军和霍顿都不是个例，童年时的美好世界已随童年而逝，现实世界像个怪兽难以接受，以往所熟悉和相信的东西开始崩塌，迷茫、焦虑随之而生。这都是成长过程中必须经历的伤痛，就好像骨骼发育会有阵痛一样。同样的，就像阵痛之后才有新生，一旦我们穿越迷茫，尊重和接受不完美，便能接受和热爱现实，就像《谁的青春不迷茫》中说的，一场无悔的青春不过是不要脸拼了命尽了兴。

劳作

捉黄鳝

捕鱼

制作风筝

步骤：**1.** 制作骨架——竹条去竹黄、削薄，用麻绳固定；**2.** 宣纸裱糊；**3.** 拴提线，黄磊老师用的是鱼

磨咖啡

捉黄鳝在手，捕鱼入网，磨咖啡豆成粉，都要沉得住气、耐得了烦，偶尔还要霸点蛮。但也因为自己动了手，费了神，投入过，吃到嘴里总归要香一些，美一点。

放风筝

“草长莺飞二月天，拂堤杨柳醉春烟。儿童放学归来早，忙趁东风放纸鸢。”过了一冬天冷手缩脚的日子，到了春天，全身从内到外、从头到脚都在寻找释放活力的机会。碰上天好又有风的日子，放风筝便是最佳选择。风筝在蓝天白云间上下翻飞，人在绿茵草坪上雀跃奔跑，是赏心悦目，是身心舒展。邀上几个小伙伴一起比赛，谁的最亮眼，哪个更特别，比谁飞得高，看谁飞得久。大家齐齐引线乘风，一片风吹“筝筝”声，和着大家的说笑欢呼，大人都闹成了孩子，又是另一种开心。

当代青年的十个潮流玩法

文 / 林葭

20 世纪 60 年代的年轻人响应号召上山下乡，70 年代的他们踩着新买的 28 寸永久牌自行车穿街过巷，80 年代的青年们烫头穿喇叭裤扛着双卡收音机跳迪斯科，90 年代的大学生抱着吉他吟唱诗一般的民谣——要激情澎湃要恣意挥霍，不同的青春同样的精彩，一代人有一代人的玩法，现在的年轻人又在玩些什么呢？

1 把传统穿在身上

脚下踩着滑板，身上是宽袍广袖、青衫白褂、衣袂飘飘；公车上地铁上，常见发髻讲究、妆容别致、翠袖红裙、绮衣锦裳、轻纱长衣的古典少女。人们也从最初的诧异围观到如今的见惯不怪，传承千年的汉服正从小众青年群体的文化表达符号逐步走入大众的审美视野，各种汉服社团汉服活动层出不穷，越来越多的潮人爱上汉服并将汉服日常化。

2 办一场主题轰趴

轰趴是英文"Home Party"的译音，眼下的轰趴不同于以往的吃饭聊天，每一趴都是主题趴。导出手机里的视频，办个“影展”；带上自家的猫猫狗狗，一起遛弯，吐槽各自的“娃”，来一场宠物轰趴；精明的商家也及时地推出了轰趴馆，里面可以做饭、唱歌、聊天、看电影，台球桌、跳舞机、麻将桌、桌游牌任你玩。

3 我养生，花式的

当上一届的年轻人还在嘲笑养生党，嫌弃保温杯里装着菊花枸杞的中年人，这一届的年轻人已经大彻大悟：风度和保温度同样重要。他们蹦起了养生迪，贴暖宝宝，戴护膝，破洞裤里穿秋裤，记得必须露出秋裤边；帆布鞋买大一码，这样才塞得下穿了两双棉袜的脚，抵挡得住冬天里朔风凛冽；穿超大型羽绒服，堪称行走的羽绒被。

4 人人都可以是明星

街拍已不再是偶像明星的专属，当你穿梭于人来人往的街头、立于高处凭栏远眺、对着红砖房上满壁的爬山虎发呆、终于吃到传说中的阿婆萝卜牛腩，在书店里阅读——约上一个懂摄影的朋友同行，分分钟出街拍大片。

5 电影就要看首映

去看电影吗？不好意思，我看的是电影首映。电影首映顾名思义就是新拍摄电影首次公开放映，电影的主要演员一般都会出席，通常只有媒体和小部分观众进场。随着片方对票房预期的提高，宣传的投入增多，电影首映开始走入“寻常百姓家”，票选举办城市，多城市巡回举办，让更多观众参与其中，文艺会玩的年轻人便是主力军。

6 参加各种公益跑

从垃圾分类、保护环境、防治疾病到创建文明城市、减少光污染、呼吁世界和平，细数这一年来参与过的公益跑，也能凑成一个马拉松了。

7 挑战极限

蹦极、冲浪、高空跳伞、徒手攀岩、翼装飞行、自由潜水——极限运动可谓甲之熊掌乙之砒霜，不理解者觉得这简直是在作死，爱好者却趋之若鹜，一次次征服一次次出发，他们并非不怕死，比起死，他们更愿意在死之前享受极限运动带来的新鲜刺激，和自然融为一体的愉悦，满足超越自我的渴求。

8 就爱用国货

那些年被爱理不理的国货突然时尚到令人高攀不起，穿鞋要穿回力、飞跃，衣服是李宁联名版，护肤有郁美净、片仔癀、宫灯，吃饭必备老干妈，排队买故宫文创，吃穿用度，没几件国货好意思说自己是年轻人吗？

9 美好的周末从 Brunch 开始

周末睡到自然醒，动手做一个美美的 Brunch（早午餐），通常是无糖无油全麦面包，手冲咖啡和鸡胸肉牛油果藜麦果蔬沙拉。先别急着吃——挑选最搭的餐具，精心摆盘，用心布光，拍照、拍照、多角度拍照。拍完还是别急着吃——修图，配一段或岁月静好或独立自主的文字，发 ins、朋友圈、微博、豆瓣、小红书、下厨房，然后对着一大波点赞，吃一顿美味的 Brunch。

10 酒店打卡旅行

终于抢到一个网红酒店／民宿／客栈的特价房，带上波希米亚风吊带裙、纯白中袖长袍、牛仔短裤白恤衫、宽檐草帽和太阳镜，去呆上一个周末。

在标志性建筑前、和大堂热情淳朴的工作人员、对着院子里无所事事的猫猫狗狗、在人挤人的游泳池边找到一个位置，然后拍照。检查房间里是否准备有小礼品、卫生间的洁净程度、洗漱用品的品牌，然后继续拍照，写评论。

电影《极盗者》剧照。

也许你觉得我们不够成熟，但这本是青春该有的样子。

年轻时，一切的误差都

成年后，一切的天

年轻就是资本

青春的样子，在炉火边被讲成了故事。

青春如同奔流的江河，愿你永远像 20 岁那年一样生活。

成长本来就是一件充满惊喜的事

成就的大小不是最重要的，赢过昨天的自己更重要

向往金句 · 关于青春

一片稻田，见证了我们的欢声笑语，　更洒满了我们的青春汗水。

以是天意；
可理解为误差。

年轻真好，有勇气做任何事情的年纪。

有时父母的逼迫可能严厉，但能使我们成为更好的自己。

对的人总能让你朝着阳光成长。

年轻就要拼。无数次在坚持与放弃间挣扎，
跟成功的距离，只是逼自己一次的脚步。

没有人规定童年的方式。只要他有自己快乐的记忆，那就是童年。

种下的种子，是来过的痕迹。

漫画 / 李雄飞

黄磊
似水年华 以慢制快

文 / 赵渌汀

48 岁的黄磊在节目中跌倒了，但他自己却笑得合不拢嘴。

那是《向往的生活》第二季的事了，当天，黄渤、王迅、于和伟来到蘑菇屋做客，作为主厨的黄磊，难得一见地扔掉锅铲、解下围裙，撒开膀子和这些老友玩起了“塑料布”，有网友调侃：娱乐圈曾经的那个“当红炸子鸡”，通过一出“开发智力”式的游戏，上演了中年男人最后的倔强。

何炅、黄磊、黄渤、王迅、于和伟与彭昱畅把那张塑料布向上抛起后，黄磊不顾一切向前冲，字幕顽皮地打出“笑成老太婆”五个字。随后他又大笑着摔倒在地，字幕又跳出来调侃：“这算不算笑趴下了”。

那一刻的黄磊，跌倒得有多踉跄，对生活的理解就有多清晰，就像他在蘑菇屋一次“饭醉”后的表态那样，“我 48 岁了，但如今的我越来越对时间感兴趣”。

时间在黄磊身上匆匆留下印迹：从长发飘飘的“四大小生”到教书育人的“黄老师”，从《极限挑战》里的“神算子”到居家暖男“黄小厨”……前几年伴随着《爸爸去哪儿》的走红，“多多爸爸”又成了这个中年男人的新标签，“我觉得自己现在慢悠悠的，特别好”。

即使自己并不推崇张爱玲“出名要趁早”的超前理念，但黄磊依然是那个在校期间就拥有“在戛纳露过脸”光环的小生。时间快速地略过众生，然后在黄磊身上做了最耐人寻味的停留，以至于有人说，黄磊像极了他自己曾经饰演过的徐志摩，年少成名，文艺浪漫。

“陈志远，我以前所有戏的编曲、作曲都是他，我所有的唱片都是他做的。你知道我为什么不唱歌了吗？因为陈志远，他死的那天我说我永远不唱歌了。那年我 28 岁。”

但在自我转型与换位的过程中，被众人看作是“快速成名”典型案例的黄磊，却不自觉地走向了生活中偏慢的那一端。

“人生快归快，我更喜欢我们今天这个样子——处事不惊，也不会慌乱，也不会见到啥事都冲上去。然后呢，事情做得好，也特别认定自己的家和自己。”这是黄磊在节目中说出的感悟，也是他端详自己时做出的一个恰如其分的总结。

或许可以用黄磊自己在《向往的生活》中说过的话，概括他以慢“制”快的生活观：“大自然万物生长，它有自己的逻辑和规律，就应该消化它。有一句话叫‘放下屠刀立地成佛’，最重要的是前面两个字‘放下’。你得拿得起放得下。你不断地暗示自己说‘我是不好的’，那就会觉得自己真的是不好的了。人想得开太重要了，要跟自己做最亲近的人，然后倾听自己心里的声音，这是对自己‘执’的那一面最好的对抗。所谓‘执’，就是听不见、看不清、想不明白。”

王中磊做客蘑菇屋的那一期，黄磊端着一碗四喜丸子，向何炅传授厨艺："这四喜丸子的肉啊，要三分瘦七分肥，这样吃起来才会更香。搅拌的时候呢，要向同一个方向搅拌，这样肉才能拧在一起……”

这话似乎也是说给他自己听的：人生要三分快，七分慢，过起来才更有滋味；生活也是如此，时间往一个方向流淌，你得顺着自己的心意来，才能回归和过上真正向往的生活。如今的黄磊以慢“制”快，在准备红烧肉、油焖笋、口味虾和葱油面的同时，为自己在生活中的角色转型鼓劲，也向曾经的似水年华致敬。

正如他在成名曲《似水年华》中所唱的那样：

雨停的道路有点凄楚 / 我想着需要怎样的礼物 / 能不再追逐 / 失去的幸福 / 不再试着将 / 似水年华留住。

“乡村让我们能静下来体会时间的质感”

问：你在节目中曾说“在乡村里，感觉时间真的可以变长”，你对时间有什么特殊的感悟？

黄磊：人的这一生啊，其实都是处在一个对时间的感受过程中的。时间这东西很奇妙，它看不到，摸不着，你也没办法用什么东西去感受它的存在。

某种意义上讲，对时间的感悟，其实是一个能量的传递过程。物理学上有一个概念叫做“增熵”，热力学第二定律提到“在孤立系统内熵只能增加”。王小波也写过“增熵”，他的意思是，“增熵”大概就是做点无意义的事。

我们在蘑菇屋也是做点无用的事儿，这个过程其实相当漫长，也可能是因为大家都脱离了城市的快节奏，在一个没有电子科技和网络信息堆积的世界里，每个人都感受到了时间的长度和厚度，都会觉得，咦，怎么时间就这么慢下来了？

时间慢下来了，乡村的一天也就会变长，这期间包含着时间流逝的整个过程，这是一个有弹性、有质感的过程。乡村让我们能静下来，并体会到时间的质感。

我有时候会想起自己小时候的一些事儿，比如我小时候和爸爸出远门，我就总会追问："爸爸，我们什么时候到啊""爸爸，时间怎么过得这么慢啊"。

这其实就是我们对时间最初的认识，一个很浅显的感受。我现在 48 岁了，可以说是年近半百了，但我对时间还是捉摸不透。在都市里生活惯了，你会发现时间真是过得飞快，如果你不去有意识地看待时间，没过多久，你就会发现它不见了。

但在《向往的生活》里，在蘑菇屋里，你能感受到的是时间相对变慢了，你会对乡村所谓的慢生活有更直观的感受。

问：怎样直观的感受？

黄磊：在蘑菇屋里，每天早上起来，你要做的事情是砍柴、生火、煮东西，一通海聊之后再看表，你会发现，哎，怎么只有十点半啊？这种感觉很奇妙，因为和平时你在都市里对时间的感觉不一样。

问：在都市里对时间的感觉呢？

黄磊：在城市里啊，早上起来晃一晃，微信聊一聊，你再一看表，妈呀，就到中午了！你说，这还能触摸到时间吗？

问：你有没有考虑过，未来带上老婆孩子一起，去过蘑菇屋式的生活？

黄磊：你别说，这几天做饭的时候我还真的考虑过这个问题，我在想，如果我真的在乡村有这么一个地方，我能带老婆孩子去玩一玩，度过一段像蘑菇屋一样的时光，还真是挺好的。

但这个美好愿景，却又需要结合一下生活现状，因为如果我真的要这样做，那也的确会存在一些问题，比如孩子们的上学问题，这就是需要解决的头等问题。

所以我目前不具备完全过乡村生活的条件。也许有那么一天，孩子们都大了，我和老婆一起去乡村住，那样将会很美好。

问：所以你还是愿意归隐田园的。

黄磊：我觉得这不叫归隐田园，我们这叫寻找田园。都市人其实并没有真正在田园生活过，我们怀有的只是一种寻找田园本真的冲动。

我自认为动手能力还蛮强，所以将来如果真有那么一天，我年纪大了，做不了特别重的体力活了，那我还可以去田园，过一种自给自足的生活。

问：你觉得蘑菇屋最大的吸引力是什么？

黄磊：对我个人而言，这里就是老友相聚的地方，是黄小厨做饭的地方，是每个人都很期待能来玩、来吃的地方。

能提供这么一种和过去完全不同的生活方式，我觉得这对很多来参加节目的嘉宾来说，都具有足够的吸引力。

蘑菇屋会让每个人放下一些东西，去用心感受到你以往忽略的一些东西。

问：如果用三个词评价自己在《向往的生活》中的表现，你会用哪三个词？

黄磊：自在、自由、自给自足。

问：你在节目中还谈到过当代年轻人面临的压力，但对于普通年轻人来说，是不是需要一定的时间和物质基础，才能有资本去畅想“采菊东篱下”般的田园生活？

黄磊：我理解当代年轻人的压力和苦恼，但我也不是鼓励大家彻底离开城市，去过纯粹的田园生活。

我其实鼓励大家偶尔去乡村里放松一下，或者在一片远离城市的土地上放空一下自己，比如你周末可以去爬爬山啊，骑骑车啊什么的，这些对普通上班的白领来讲，已经是一种奢侈的放松方式了。

你在这个过程中，说不定还能收获很多意想不到的东西，你兴许就会找到一种属于自己的节奏和生活方式，很多之前怎么也想不通的事情，说不定就能给你迎刃而解了。

问：《向往的生活》播出了这么多期，你给上百人做过饭，你觉得累不累？

黄磊：说真心话呢，是有一点累，但毕竟是自己生火做饭啊，所以成就感还是有的，这就让劳累演变成一种享受，你看我们蘑菇屋里会有一些传统的保留菜，比如葱油拌面、红烧肉、葱油饼、凉面、狮子头、水煮肉片等等，这些菜随时都等着客人们前来品尝，这是一件令人期待的事情。

其实每一个厨子都有最幸福的事情，那就是看见别人津津有味地吃你做的饭，做的菜。

问：很多人把你看作是导师，你喜欢这个称呼吗？为什么？

黄磊：把我当作导师？这可不行，导师都是重量级的，得够级别，我怎么能算是导师呢。我充其量只能叫老师，是“勒奥老”（笑）。

我个人是有导师的，比如我在大学本科时和研究生的导师是齐士龙先生，我今天在艺术上学到的所有东西，都是我的导师教授给我的。

除了现实存在的导师，我还有一个精神导师，是瑞典的导演英格玛·博格曼，我很喜欢他的电影和思想。

问：聊聊孩子吧。如果你的女儿长大了，你是希望她做没那么喜欢、但足够稳定的工作，还是让她做自己喜欢的漂泊不定、但足够刺激的自由职业者？

黄磊：我可以肯定的是，我一定会鼓励她做她真正喜欢的事情，但我也有私心，每个父亲都希望女儿能生活得更稳定一些，所以我希望她喜欢的这些事情，最好同时也比较稳定，因为我跟她妈妈的生活就是比较稳定的，如果她在漂泊不定，那我心里肯定会有些不安的。不过如果她是真的喜欢，我也全力支持她。

问：你会要求未来女婿会做饭做菜吗？

黄磊：说真的，我还没想过未来的女婿的事情，因为婚姻是她自己的事，她长大了以后必定会离开她的原生家庭，她会有属于自己的小家庭。我呢，我会支持她的每一次选择，因为那些都是她对自己命运的选择。

问：如今在城市里，你能不能体会得到农村的那种简单和淳朴？你觉得城市人在维系彼此之间感情方面是不是出现了一种能力的倒退？

黄磊：我倒不这么认为，因为凡事都不能绝对化，不是说乡村人就都很淳朴、为人很简单，城市里就各种机关算尽，都不会出现这么极端的情况。

我一直都认为，只要有人的地方，都会产生很多复杂的东西。对于农村，我可以肯定的一点是，农村确实比较清静。

但我小时候在城里住的大院也非常清静啊，我们现在在北京的小区里，有 7 个关系不错的家庭都住在附近，平常会经常串门走动，我觉得这也算是现代社会城市人的新型社交关系吧。

生而为人，你其实是需要很多支点去支撑你活下去的，不管是和城市还是乡村发生关系，本质上还是和人打交道的过程。

问：你内心最向往的生活是什么？

黄磊：我记得我在第二季行将结束的时候说过，我最大的希望，就是国泰民安。

我希望这个国家能一直向前努力，民族可以越来越好，越来越安康，越来越幸福。且不说伟大，起码每个人都能拥有很多平凡的美好，我觉得只有做到这一点，民族才有伟大复兴的可能。

所以我向往的生活就是：国泰民安，人民可以更开心、更快乐地生活，因为我也是人民的一员。

CHAPTERS 3

闺蜜 de 味道

水彩画 / 李月香

鲫鱼豆腐汤

客　人：倪妮、Anglebaby
主　厨：黄磊
食　材：鲫鱼、豆腐、盐、味精、料酒、姜
做　法：
1. 鲫鱼在热油中煎透；
2. 倒入开水熬煮；
3. 小火慢炖后加入豆腐调味即可。

闺蜜的味道

文 / 罗德岛

朋友看朋友是透明的，他们彼此交换生命。双方的音容笑貌在那里互相模仿，心灵也在那里互相模仿。

——罗曼·罗兰

闺密，本从闺中密友简化而来，是女性好友的专有代名词。写成“闺蜜”，又有形容二人感情甜蜜深厚的意思。这些年，流行说“男闺蜜”和“蓝颜知己”，闺蜜的外延便被拓宽了。无论男人与男人、男人与女人、女人与女人，朋意友情，相知相交，知己知彼，皆可闺蜜之。

有一种友情叫何炅和黄磊

一说到男人之间的友情，脑子里就会首先蹦出“兄弟”两个字。当年经典港产片《英雄本色》和《纵横四海》中，太多兄弟之间义薄云天、两肋插刀的感人情节了——“你侮辱我没关系，你不要侮辱我的朋友”，兄弟情成为出生入死时好男人的标配，释放的是忠诚、义气、血脉贲张的味道。

现实生活没那么多血雨腥风刀光剑影，男人喜欢用“哥们儿”相称。年少时，哥们儿一起喝酒抽烟打架追女孩一起叛逆。长大了，哥们儿可以一个月不联系，但一见面就像昨天才分开，大家还是一桌儿吃饭喝酒，吹牛互怼一点儿正形没有。

何炅和黄磊的关系，用“兄弟”说不合适，说是哥们儿吧，又感觉差那么点儿意思。他俩貌似开辟了另一种男人间的友情模式，这种模式接地气儿但不落俗套，温暖并不油腻，有情有趣得来又很随意。无可否认的是，各自的人格魅力最终决定了两人关系的品质。

两人初识时，何炅 21 岁，在大学教阿拉伯语，黄磊 26 岁，是北京电影学院的老师。那时何炅在做一个电台节目，节目制作人非常仰慕黄磊，极力促成并精心安排了这次专访。何炅后来写文章回忆过这件事，称这位制作人是个“品位奇高的女子”，她之所以安排这次专访，除了满足自己的“一己私欲”之外，相信对访谈双方的能力匹配及对话水准都有预判：这是能聊到一块儿的两个人。

两人在演艺圈“出没”时都曾兼执教鞭。多重身份带来了不同快乐，也有难以权衡割舍时的苦恼，这份理解和认同是他俩独有的。两人合作出演了话剧《暗恋桃花源》，10 年将近 500 场演出，演出后一块儿吃了超过 1000 次饭。黄磊说，“总在一起吃饭就有感情”，但有多少人愿意跟哪怕家人总在一起吃饭呢？

20 多年下来，两人真成了“家人”。何炅只要在北京就经常去黄磊家吃饭，黄磊说给何炅做的饭比给女儿多多做得还多。一次，黄磊腿摔了打着石膏坐在吧凳上做饭，何炅进门见黄磊还在厨房就嚷嚷还没做好啊我都饿了，黄磊妈妈在旁边听着眼泪都快出来了：这是什么朋友啊？

两人在《向往的生活》里，我垒灶生火做饭炒菜，你采摘洗涮收拾迎来送往，放在任何一对男性朋友身上都会有点奇怪的画面，在何炅和黄磊这儿就是莫名和谐。待闲下来与嘉宾话家常忆往昔说笑逗趣，你捧哏我接哏，你做人生导师我补充两句，又都那么默契到位分寸刚好，就连按要求“播报”广告植入的时候都那么心照不宣地前后脚无缝衔接。

佟丽娅看到黄磊和何炅在节目里的状态，感慨想要交朋友很简单，但是维持友谊很不容易，问是怎么做到的，黄磊说了两个条件：一个是让人觉得安全，一个是偶尔互相支撑，并强调不是经常支撑，是偶尔能支撑一下就好。

黄磊果然是老师，看到了娱乐圈及现实生活中的一些真相。有些人会认为朋友就应该无论什么事都无条件支持自己，哪怕帮了99次但有一次不支持就不够朋友。这其实是一种绑架，会让别人觉得很痛苦。这种绑架关系的朋友，就不会有安全感，而安全感连接的是彼此之间的信任。就像黄磊说的，在最爱的人、最熟的人面前，人常常展现的是他的虚弱、缺点，当一个人在你面前有缺点的时候，是因为他信任你，是因为他爱你，他才会放开。因此，何炅是所有人眼里的何老师，只有在黄磊这儿是“炅炅、小何炅、我另一个孩子”。

异性之间有没有真正的友情?

这好像成了一个不论什么年代都在探讨，却始终难有最终结论的话题。

电影《当哈利遇上莎莉》中，哈利对莎莉说：“因为性，男人和女人始终是无法做朋友的。”他还说，并不存在所谓的异性朋友，要么是想勾引对方上床，要么只是把对方当备胎，或者单纯地想享受有异性陪伴的感觉。

而哈利和莎莉果然从最初不欢而散到后来成为朋友，至最终认识到彼此感情，结成眷属。

这样的剧情现实生活中经常上演。只是，你能举得出多少从男（女）闺密变情人的例子，我就能给你摆出几个将“纯洁”的友情保持至终生的铁证。

纪梵希与奥黛丽·赫本，一个时尚大师，一个奥斯卡影后，两人跨越半个世纪的闺蜜情就是一段佳话。赫本从《龙凤配》开始找纪梵希设计戏服，此后的1950年代，赫本台前幕后几乎所有的服饰均由纪梵希打造。纪梵希为赫本打造了许多电影史中的经典造型。大家都知道的小黑裙，赫本在《蒂凡尼的早餐》穿过，正是出自纪梵希的妙手。

赫本说：“是纪梵希创造了我…… 42年的友情，纪梵希是我所认识的人里面最正直的一个。”

纪梵希也一直视赫本为自己的缪斯女神：“再没有一个人能够像奥黛丽·赫本那样了…… 是她让我看到了服装的新生命。”一位专栏作者还曾开玩笑地说：“奥黛丽·赫本和纪梵希的友谊，比和任何一任丈夫的关系都长久。”

这位专栏作者无意中道出了异性友谊的一个特质。心理学有研究发现，异性朋友的吸引力会随着时间越长而增强，而他们之间那种纯粹的性吸引力则成反比减少。当两个人关系越来越好，对彼此的尊重和喜爱越多，联系也会愈加深刻。很多时候，双方甚至认为将这段友情发展成为爱情是对它的一种侮辱，并且认为这是对对方的一种不尊重。

这就解释了，为什么连娱乐圈这样相对特殊的环境下，仍不乏异性友情的存在。任泉和李冰冰，交情长达25年，大学同班同学，又是黑龙江老乡，一起接广告、拍戏、闯荡娱乐圈。任泉退出演艺圈后，两人又一起合作投资、做生意。

李冰冰说自己很依赖任泉，就连发布会穿什么衣服、带什么首饰都要和他商量。任泉陷入职业瓶颈期时一度情绪抑郁低落，李冰冰也一直陪伴劝解，任泉说："除了我妈，就在她这一个女人面前哭过。" 李冰冰在微博上公布现任男友，粉丝网友都跑到任泉的微博这儿惋惜感叹，他回复："不做夫妻，也可相爱一生。"其实他是他俩的媒人。

女人有了闺蜜才圆满

"对一个男人的身体健康来说，最好的事情之一，就是结婚，有一个家庭；而对于一个女人的身体健康来说，最好的事情之一，却是应该建立和培养她和女友之间的友谊关系。"

斯坦福大学精神病学专家认为，女人和女人之间有着不同的互动关系，她们互相提供支持，帮助对方应对压力和生活中的困难体验，高品质的"闺蜜时间"（Girl friend Time）可以帮助她们生成更多的血清素，一种神经递质，有助于防治抑郁症，并能给女人创造一个良好的自我感受。

女人总是在交流感情、探讨感受，这种倾诉的欲望和需求一直贯穿她们的一生。

"13 岁到 16 岁。那是七月和安生如影相随的三年。有时候七月是安生的影子。有时候安生是七月的影子。一起做作业。跑到商店去看内衣。周末的时候安生去七月家里吃饭，留宿。走在路上都要手拉着手。"

少女时代，我们与闺蜜恨不得什么都一样，看一样的电影，听一样的歌，追一样的星，穿同款的衫，喜欢同一个品牌的奶茶……我们好得像穿着一条裤子，恨不得天天粘在一起，聊怎么也聊不完的天，分享“日日新苟日新”的秘密。

长大了步入社会，女人更看重与闺蜜在三观、生活习惯上的相近，毕竟这样才能玩得起、聊得来。我们吐老板的槽，评价办公室里的同事，为父母的变老感伤，分享恋情新动向……生活中的一切喜怒哀乐，因为有闺蜜分享，就会有值回票价的感觉。

在《向往的生活》里，看到谢娜和赵丽颖这对闺蜜，一个心直口快，一个大大咧咧，她们每每神同步，羽绒服穿一样的白色，喝咖啡同时端杯，躺炕上 cosplay（角色扮演），都被屋里的小狗 H 嫌弃，十足一对搞笑姐妹淘。自己也回想刚出来工作时，每逢周末和闺蜜在租来的房子耗一整天的快乐。

待年纪再大一些，管家的带娃的，精力和时间都不如从前了，女人和闺蜜之间便多了惺惺相惜的温情。

林青霞与龙应台成为好友后，知道她在写书，便天天带着热腾腾的饭菜去探望，龙应台专门为此写过一篇文章《蚌壳精与书生》，形容自己是书生许仙，林青霞是蚌壳精为她做饭。林青霞发现龙应台“唯一不敏感的是她的外表”，便教她化妆打扮。龙应台要是哪天穿得好看，就会被朋友评价为“一定是林青霞教的”。

有次，林青霞有事要离开香港，龙应台对她说：青霞，不要放弃我。仿佛一对要好的小女生难舍难分的样子。

或许，不管什么样的女人，无论到了什么年纪，生活里有了闺蜜才叫圆满。

劳作

洗碗

洗菜

摘草莓

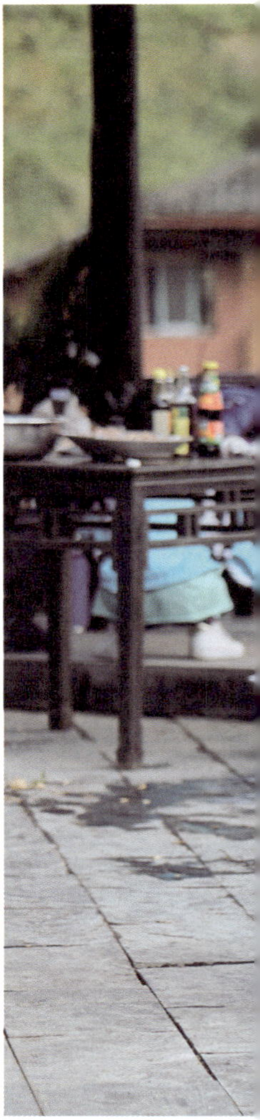

打糍粑

打糍粑绝对是个力气活儿。在石臼里把蒸熟的糯米槌打成不见米粒的糊状，工具只不过是一条木棒。这活儿通常由两个以上壮汉协办完成，即使是数九寒冬，打的人也大汗淋漓，很多人一天打下来会累得连饭都吃不下。

打糍粑又不是光有力气就行。打粑要趁热，越快越好。时间久了，米冷了难打烂也捏不动。打粑还得有技巧，要不时用木槌将糍粑撬起翻动，否则，没打着的仍是饭粒，吃的时候就硌嘴了。打粑更要有眼色，把握好节奏。如果将木槌砸在石臼或对方的木槌上，不仅虎口震痛，木槌也易被砸烂。

游戏

荡秋千 & 炕聊

秋千的起源，一说是人类模仿猴子从一棵树荡到另一棵树；一说是少数民族用来练身手的技艺。秋千传到现在几千年了，好像总是跟女人更搭一点。男人荡得好顶多是杂技表演，换了身材修长的女人，穿着轻飘的裙子这么悠来荡去，画面就突然有了审美的趣味。当然，除了娱人，荡秋千最爽的还是娱己。放出去收回来，全凭自己掌控，既有挣脱离地心引力的畅快刺激，又没有失控的恐惧。人活着不管到了什么年龄，只要看到秋千就有想去荡一荡的心情，还挺好的。

炕聊等同于躺聊。两个或几个人四脚朝天地一起躺着，都不用说话，身体语言就已经在告诉彼此：我们可以放下戒备，坦诚相见了，因为我们是一边的。聊什么还重要吗？这里把炕换成床、榻都是一个意思，但北方的炕在大冬天里是个温暖之地，亲友炕聊那更是其乐融融！

能做和不能做的十件事，看看你们是不是亲生的闺蜜

文 / 林葭

和她见面不用洗头，再邋遢的时候她都见过；难过时候可以放声大哭，哪怕妆花成鬼；开心的时候可以得意忘形，大喊大笑；去她家可以直接解开BRA，直接瘫沙发上一动不动；你家里人都认识她她家里人都熟悉你——不一定形影不离，但需要的时候她一定在。感谢生命中有闺蜜这样美好温暖的存在，陪你玩陪你疯，为你担忧为你“打电话”。然而，一段好的感情，一段持久的感情，一定是需要用心维护的，再亲生的闺蜜，也有一些事能做，一些事不能做。

Do

1 一起变美

分享护肤秘笈，搜罗瘦身攻略，推荐好用单品，互相督促敷面膜，带你去无意中发现的美甲店，和闺蜜一起美美美，还要更美。

2 撑她

受委屈，被欺负，遭遇变故——或许你无力为她改变什么，但你可以撑她！撑她！让她知道还有一个你在撑她！

3 去看世界

在年轻时一起挤上绿皮火车去穷游，在有家庭后“抛夫弃子”来个闺蜜游，在暮年时仍能互相搀扶着去度假。和闺蜜一起，去看日出日落，看星辰大海，高歌一曲“让我们红尘作伴，活得潇潇洒洒。”

4 花痴犯傻

帮闺蜜打听隔壁班那个男孩的星座爱好陪她守在窗边等他经过，一起对着花样美男的照片流口水单方面宣告主权——那是青春的时光啊。

5 胡吃海喝

你爱吃火锅，我爱吃甜点，热衷搜罗各种食肆小店，一起去胡吃海喝一番，减肥？吃完再说吧。

6 写信

即使朝夕相处，还坚持写信。读书的时候，你有没有经历过？写在同一个笔记本，今天我写了带给你，你写完明天拿给我，与其说是写信，不如说是共同的日记，上面写满少年心事。

7 彻夜长谈

大学分开两地，去看她的城市看她，和她挤在1米宽的小床上睡觉压低声音说悄悄话，夜深了怕影响她室友，在被窝里打着手电筒写字条，一直到天亮。

8 抱头痛哭

家人生病，高考落榜，告白失败，感情挫折——这些艰难的时刻，抱着闺蜜，痛哭一场，哭完才有勇气面对人生的风和雨。

9 看演唱会

去看喜欢的歌手的演唱会，摇着荧光棒高声合唱，一起呐喊，一起悸动。

10 合影

在彼此人生的每一个重要时刻，在日常的聚会，在结伴游玩时，和闺蜜合影，留下纪念，在都已经成为老太太的时候，拿出来，可回忆可感叹可互相“嘲笑”。

Not

1 三人行

三人行必有我师，但在闺蜜的世界里，三人行容易出事。再说，也没有人喜欢和一对正卿卿我我的情侣待在一块，还要假装看不见，你们忽略我吧。

2 炫耀

“只要你过得比我好”的无私只存在歌曲里，酸溜溜才是人之常情。说话做事注意场合和分寸，站在闺蜜角度看，友情更持久。

3 揭短

不要揭短，尤其是在她在乎的人面前。

4 抢戏

陪她相亲时、在她的生日聚会上、在她的主场大出风头，抢她的戏，死罪。

5 泄密

你知道她那些丢脸的糗事，你熟知她某些难堪的过去，正因如此，更要守口如瓶。很多时候，她只是想跟你分享而已，不需要其他人知道。

6 把闺蜜当情绪回收站

闺蜜再有耐心，也不应该成为你的情绪回收站。无休止向闺蜜宣泄你的情绪，会造成闺蜜的烦闷和厌倦，长期的负能量可能会破坏你在你闺蜜心中的形象。

7 过度关心

对闺蜜的隐私，特别涉及到配偶和家庭，可以关心，但不要过度关心。每个人都是独立的个体，距离产生美，这些老生常谈不是没道理。

8 无话不说

聊聊工作，聊聊家庭，聊聊感情，但是点到为止，不能无所顾忌什么都说，不是不信任，只是给彼此留一些尊严和余地。

9 借钱不还

谁没有手头拮据的日子，谁没个三长两短的时候，可以借钱但一定要还，亲兄弟还明算账呢。

10 越界

需要闺蜜的配偶帮忙，闺蜜的配偶需要你帮忙，通过闺蜜传话，由她出面。不要越过她单独联系，甚至见面。

长久的友谊是需要相互了解和包容的。

真正的朋友，就是在

和好的人待在一起，自己也会更好。

每一个人生旅途中的朋友，即使终点不同也值得珍

有的时候，我们喜欢一个人，我们就会说我摘月亮给
或在天上画一道彩虹给你。有时候你幸运的话，你就
遇到，就好像是个美好的祝福。

酒逢知己，菜已凉话未尽。把酒热过，再话三巡

人生的默契就在此，说的人不知道说什么，听的
全明白，这是最高境界，这就是爱情——不知道
说什么，但我都觉得说得挺好。

向往的生活

向往金句 · 关于情缘

因为经历相似而相互理解。心的靠近让两个人走得更近。

前你不用装。

有两种关系是自己选的，一是朋友，一是爱人，能选择的一定要珍惜。

男人不知道重，不知道苦，只知道爱情。

在最爱的人、最熟的人面前，人往往展示的是他的虚弱。所以要知道，当一个人在你面前有缺点的时候，是因为他爱你、信任你。所以恋爱开始的时候，就是一个发现对方优点的过程；当相处的时候，就是一个去接受对方缺点的过程。

朋友就是事儿上见。

泛泛之交只是锦上添花，多年老友才会雪中送炭。

人投缘的话，到哪都是有意思的。

CHAPTERS 4

春天 de 味道

水彩画 / 李月香

腌笃鲜

客　人：张绍刚、李诞、池子
主　厨：黄磊
食　材：猪肉、笋、姜、料酒
做　法：
1. 将切好的姜块放入油锅爆香；
2. 将焯好的猪肉放入锅内翻炒；
3. 倒入料酒；
4. 放入焯好的笋块；
5. 将适量热水倒入锅内，小火焖。

春天的味道

文 / 艾柯

各样花草都仿佛正努力从地下拔起，在温暖日头下，守着本分，静静的立着，尽那只谁也看不见的手来铺排，按照秩序发叶开花。

——沈从文《春》

动物行为学之父、诺奖获得者康拉德·洛伦茨在《灰雁的四季》中写道："哪里的春天都没有阿尔卑斯山的春天这么美。"我想，我也可以照搬他这句话为自己所用：哪里的春天都没有我曾经历过的春天这么美。

春天的味道里，有消融冰雪的暖阳，有茸茸新绿的芬芳，有种子发芽爆破泥土的大音希声，有一盏春茶里的袅袅氤氲。

春天即童年——野餐里的春宴

每年春天，我家有个传统——春游。

每年春游，我家有个传统——野餐。

儿时的我是个见饭愁，尤其春天。每年一到春天，窗外草长莺飞，万物复苏，我却成天耷拉个脑袋，被大人按在饭桌前，只能数着饭粒发愁，仿佛永远吃不完那一碗米饭。春困已经让我软绵绵，餐桌上豆腐青菜之类简直雪上加霜。20 世纪 80 年代小县城的春日餐桌上，肉食只是点缀，丰盛的瓜果蔬菜要到初夏才能上市，春天，正是俗称“青黄不接”的时候。我数着碗里的饭粒，心里盼望着春日里唯一能让我食欲大开的春游野餐。

我妈是个文艺青年。身处小县城，却也遍读西方名著，对于英国庄园里贵族小姐们撑着小阳伞，坐在草地上，铺着碎花野餐布喝下午茶的场景，脑补了无数回。只是没想到，她为人母后的春日野餐，在实现自己少女时的浪漫想象之外，还有着朴素的现实主义价值——让她那个见饭愁的孩子多吃点。

春游的行前准备就已经是野餐的前菜，因为我妈要带我去买草莓果酱和刚出炉的小面包。

现在的草莓果酱，大概会被健身达人养生派归入高热量高糖分的不健康食物之列。在那个年代的中原小县城，这就是最时髦、最具小资情调的食物。我的小伙伴们，第一次吃到我带到学校的草莓果酱时，惊为天物。草莓特有的果香里混着糖浆的甜，配上淡淡的果酸、激发食欲的猩红色彩，一口吃下去，知觉全打开，仿佛世界都明亮起来，这才是窗外那个万物开窍的春天啊！

春游那天，草莓果酱、小面包都不再高高在上，它们和 80 年代出游必备的茶叶蛋，甚至卤鸭胗、兰花干、爆米花一起，构成草地上、树荫下那个丰盛的世界。

然而，成年后，每每回想起那些美好的春日野餐，脑子里想起的画面，更多的是我爸骑着自行车，我坐在前面大梁上，我妈坐在后座上，风一样自由地穿过阳光斑驳的树荫；是城外田野里金黄成片的油菜花；是草地旁池塘里的小蝌蚪和水草；是云雀在头顶树冠里直上云霄的明快歌声；是清新的泥土的味道；是春天特有的花草树木发芽时散发出的清香；是春风吹起发梢拂在脸上轻柔的触感……

大学二年级下学期，我从文科转系去读全英文教学的计算机。一切从头学起，最难的数学、逆向的逻辑、啃不完的英文课本、写不完的程序、改不完的 Bug。同学也是全新的，内向且不善言辞的我，常在课间休息时，从闷气罐子一样的教室里逃出去自救。有天，我意外发现，教学楼门前小路对面有个小院子，时值春天，小院子里明黄的迎春花正在盛放，像是立起的金色油菜花田，花丛下是一口小小的池塘，塘边的水草里，一群小蝌蚪正在慢悠悠地享受春日暖阳。

我愣在池塘边，穿过时光，回到童年那些让我知觉、味觉都豁然开朗的春日野游。那些身体记忆、感觉记忆，那些来自春天、来自家庭的人类最原始的力量，把我一点点暖过来，让我重新感知到了温暖的、新绿的、未来有无限可能的生活。

春天宛如童年。身体在春天里打好底子，一年都会有更强的抵抗力；人在童年打好底子，一生也会受用无穷，有更强的对抗生活艰难的能力。

春季即重生——春芽里的生机

在温室大棚技术已经成熟的当今，菜市场里的活色生香，不分地域，无关四季。冬天吃西瓜已是寻常事。人们在买菜时常常想不起当季时令食材有哪些，中国传统的饮食哲学“不时不食”遭遇了新的困境。

每到春天，总有美食家撰文为世人操心，“春天不吃 ×××，错过又是一年”。类似这样的呼吁，在其他季节还真不多见。呼吁中的“×××”，八九不离是香椿芽。

“椿”是“木”和“春”二字的合体，二字皆有“勃勃生机”之意，且禅语中“枯木逢春”意指枯木逢春天又发生机，重新开花。传统饮食文化也一向认为春天要吃各式新芽，方可借天地之势，以应春气。

香椿芽之外，破土而出的春笋、西式春季正餐标配的嫩芦笋、毛姆小说中令贵妇垂涎的龙须菜，还有入菜花食——槐花、木棉花，具有明显地域特色的野菜泥蒿芽、荠菜、艾团，无一不是春天嫩芽蓬勃向上、层层新绿立枝头的春意信使。

说到春芽，最受人类推崇、被上升到哲学宗教境界的春芽大约非春茶莫属。茶树经过冬天的休眠和积累，入春开始厚积薄发。自然派说，这是吸收了一整年的天地之精华，经过冬日闭藏，到了春天正是生机最旺盛时；科学派说，春茶中氨基酸、茶多酚、咖啡碱等物质含量最丰富，春茶的鲜爽度、甜润度也是最佳。

唐朝诗僧皎然写春茶，“一饮涤昏寐，情思朗爽满天地；再饮清我神，忽如飞雨洒轻尘；三饮便得道，何须苦心破烦恼。”春天的清新、朗爽，在一盏茶中，意境立现。

然而，恰是这个万物生长的季节，也是抑郁症最高发的季节。这是医学界基于大量案例观察后得出的结论，现代医学界至今仍未找出背后的缘由。

心理学家米尔顿·艾瑞克森有一个经典的治疗案例。有次他被同事请去治疗一位患有重度抑郁的老妇人。老人无亲无故，独居一间暗沉沉的百年老屋中，毫无生气。艾瑞克森礼貌地对老人说：“你能让我参观一下你的房子吗？”在一间房间的窗台上，他找到几盆小小的非洲紫罗兰，他建议老人：“你的花这般美丽，一定会给很多人带来快乐。你能否打听一下，城内什么人家有喜庆的事，结婚、生子或生日什么的，给他们送一盆花去，他们一定会高兴得不得了。”老人依他所言去做了，逐渐从重度抑郁中恢复过来。

其实，非洲紫罗兰并非单只春天开花，但种花过程中感受到的生机，与春天的气质却是无二。

因此，现代医学治疗抑郁症时，医生普遍会在常规处方之外叮嘱一句，多去户外运动，多接触大自然。走在山间，沿溪而行，听风望水深呼吸，运动出汗后，登高望远，自然心旷神怡、豁然开朗。

吃着这些春天特有的食物、感受春天独有的气息，我开始理解童年春游记忆里，那草长莺飞的大自然何以有一把将我从沉郁中拉起的力量。

春天即重生。

春天即信念——一粒种子的延迟满足

春日里，鱼米富庶的江浙地带，家家户户都会做一道腌笃鲜。

春笋、腌制一冬的火腿片，和其他鲜美食材一起，小火慢炖。“腌”，火腿；“笃”，小火焖；“鲜”，是成品的美好滋味。

这一道菜，因为春笋的时令性，以及特有的鲜味，成为春日里的人间至味。

要吃这道菜，但需忍得了一个“等”字。

火腿是前一年甚至几年前入冬时就开始制作。完成多道工序后，就是日复一日甚至年复一年的等待。火腿的滋味赖于肉脂与某种菌类的发酵合作，时间是这味食材里最重要的创造者，心急吃不上好火腿。

这道菜的另一味核心食材——春笋，也要经过一冬地下的默默生长。待到春来，蓄势而发，破土而出，方才有那一口“鲜”。若是等不及春来，冬笋做出来的味道就是另一个层次了，也就不复为“腌笃鲜”了。

这道春菜，是大自然对人类延迟满足能力的考验。

1960 年代，美国斯坦福大学心理学教授沃尔特·米歇尔设计了一个著名的实验。实验始于斯坦福大学校园里的一间幼儿园，时间跨越 30 多年。实验研究证明：那些能够延迟满足的孩子自我控制能力更强，更能坚持不懈地实现目标。

正如春耕秋收的农人——一粒种子播下去之后，是一轮又一轮的劳作，一个节气又一个节气的挂心。在被延迟满足的过程中，除了等待，就是低头劳作。之所以愿意等，是相信秋天会有收获，待到瓜熟蒂落才能尝到甜美的果实。

这股春日里的信念，像极了人生的隐喻。

人生无非是一粒一粒种子认真播下去，有了个初始，不管后面有多少艰难困苦，什么狂风骤雨、禾干田裂，所能做的，无非就是兵来将挡水来土掩地把一桩桩的难题扛过去。心中笃定的，是那一粒粒种子，一身力气，和信念。

春宴中还有一道不可或缺的时令菜——春卷。卷在里面的银丝豆芽、韭黄都是盎然的春芽嫩叶，宛如春天里勃勃生机的信念，裹在外面的薄饼皮儿，颇有些韧性。

人生可不就是韧性里裹着丝丝信念，一茬又一茬地破土而出么。

劳作

犁田

插秧

挖竹笋

每年 3 月中下旬至清明前后，是挖春笋的最佳时间。挖之前得先找笋。找笋是有技术的，先找长得枝叶茂盛翠绿的成年竹子，通常幼笋就长在它们周围。然后在这个范围内观察有没有松软、微微隆起的地方，这很有可能就是新笋准备要冒尖了。大家都知道春笋吃的就是鲜嫩，而它最鲜嫩的时候正藏在土里没冒尖或刚冒尖二至三公分，很不容易被发现。挖笋也是技术活，得先用锄头将笋周围的土刨开直到看见根部，再对准锄断根部，将春笋连根挖起。不然，不仅影响来年竹子长势，还伤了笋本身，那就只能抱着一堆水分流失的笋片回家了。

游戏

春游 & 插花

找个天地开阔有山有水的地方，和小伙伴一起看春回大地，听鸟语虫吟，嗅花香草青。走的是山路田埂好接地气，憩的是林下水边能洗肺吸氧。带上茶具点心，便能围坐一圈，有饮有食，谈天说地。春天和每个人都有约会，就看你要不要赴约而游。

插花这事要讲究起来，也是没个止境。如果只为了让自己赏心悦目的话，大可以抛开流派造型花材花器等一应规范。路边的野草、菜场刚买的一把蔬菜插起来，废弃的碗盘、空着的竹篮用起来。心境闲适了，插出来的花就是你要的美。

做过这四件事，春天才完整

文 / 林葭

春天总是来得快来得短暂，仿佛一夜之间，北方积雪融化大地展颜，南方落木萧萧旋即抽芽。短暂得一不留神，棉袄刚脱就要换上短袖，在冬天和夏天之间，来不及看清春天的样子。虽然如此，却总有一些事物，只存在于春天里，做过看过品尝过，春天才算完整，还让人在另外三个季节每每想起总要盼望春天。

割春笋

竹笋一年四季皆破土而出，但唯有春笋味道最佳。立春后的竹笋，笋体肥大、洁白如玉、肉质鲜嫩、美味爽口、可荤可素、风味各异。

吃春笋是一场与时间的赛跑，赶在黎明时分来到竹林里，就着天光割下刚刚冒出的春笋，一刻也不能耽搁，夸张一点的说法是多耽搁一秒它的鲜美就要减去几分，但春笋老得快是真。

割下的春笋要马上享用，一时吃不完的也要迅速处理，剥开笋壳，将笋放入清水中盖上锅盖煮沸，捞起过冷水冷却，这时方能松一口气，来寻思这笋要怎么吃？江南水乡的腌笃鲜、油焖笋，潮汕人巧手捏出的笋粿笋饺，福建山区常见的咸菜花肉焖春笋都馋人，春笋烧鲥鱼、糟烩春笋、问政山笋也是好选择，就是不吃光看着，也觉得自己拥有了整个春天。

做青团

也叫清明粿的青团，在成为网红美食之前，是一种传统得不能再传统的糕点，虽有袁枚《随园食单》“捣青草为汁，和粉作粉团，色如碧玉”加持，但一直默默无闻存在于春天里。

北宋温革《琐碎录》中记载，北宋时期的四川人在寒食节（后被清明节“兼并”）采集杨桐、细叶冬青的叶子制出绿汁染在米饭上，让饭的颜色泛青，这被认为是青团的最早起源。

青团起源于四川却在富庶的江南发扬光大，糯米、糖、豆沙、猪油在古代可不是便宜的食材，最传统的青团，就是豆沙馅。近几年，青团摇身一变成网红，各种口味层出不穷。我却喜欢在清明前后，炒一锅香甜的红豆沙，再去市场买一把嫩绿的艾草，捣泥、加粉、和成团，包入豆沙，收口盘圆，上蒸笼蒸熟。朴素的外表，软糯的口感，甜蜜间残留着艾草的清苦，蕴藏着我从不示人的哀思。

吃野菜

春天的溪水边、田野里、树梢上，到处可见绿油油的野菜，这其中，藏有不少遭人惦记的美味，马兰头、荠菜、香椿便是其中的“集大成者”。

马兰头食用时取新鲜萌发的嫩叶片，焯水后剁碎拌以香干麻油，《随园食单》里的做法则是“摘取嫩者，醋合笋拌食，油腻后食之，可以醒脾”，其柔嫩清新，可以想见。

荠菜声名远播，得益于历代文人前后接力，众口一词为其扬名。魏晋南北朝时，便有若干《荠赋》问世；陆放翁曾吟《食荠十韵》；苏东坡则在《与徐十二书》中说“今日食荠极美……虽不甘于五味，而有味外之美”；近代的周作人、汪曾祺也是屡屡念叨故乡的荠菜。荠菜清香鲜美，清炒、做汤、包馄饨、炒年糕，各有各的妙处。

另一知名野菜——香椿早在汉朝，就与荔枝并称南北两大贡品，苏轼曾说“椿木实而叶香可啖”。北方寻常的香椿，每年清明后谷雨前便以一两十几块钱的样子向岭南人民奔来，好在它上市的时间短，吃过香椿炒鸡蛋、香椿拌豆腐、香椿炒饭，它也就下架了，不然真心吃不起。

泡梅酒

“和羞走，倚门回首，却把青梅嗅”“黄梅正解蹙人眉”——青梅喜人黄梅诱人，诗人把梅子描撰得美好，然而无论青黄，它的味道都极为酸涩，尝一口，你的脸怕是要皱成梅干。

好在祖先们早已摸透它的脾性，不宜直接吃，就炮制成各种美食，梅酒便是其中之一，青梅煮酒的典故因《三国演义》而家喻户晓。在邻国日本，梅酒被认为是“奶奶家的味道”，家庭中母传女、女传孙一代代传承着梅酒制作工艺和家族记忆。

梅酒迷人，制作起来却简单。在春天结束之前，把梅子、冰糖和酒混合后密封，剩下的就交给时间了。看时间把冰糖融化，让梅子慢慢干瘪，溢出汁液，和酒体充分交融。待来年，将梅酒开封。在某一个炎夏午后，斟一杯，加入冰块，它是夏天清凉和安静的力量；在某一个严冬深夜，倒一壶，隔水温热，它是冬天温暖和心安的所在。

年画《青梅煮酒论英雄》，任率英绘。

向往金曲·《油菜花》

油菜花 / 油菜花 / 我们两个油菜花 / 你有菜花 / 我有菜花 / 我们都有菜花 ......
有才华 / 有才华 / 我们两个有才华 / 你有才华 / 我有才华 / 我们都有才华 ......

《雪绒花》原曲新填词，由黄磊、何炅、刘宪华、彭昱畅演唱。向往版《油菜花》，让人惊喜不断，
出后，火遍整个网络，成为年轻、时尚朋友们的口头禅。

向往专访

漫画 / 李雄飞

何炅

我不是圆滑，我是希望每个人都体面

文 / 白莉莉

4 月 28 日，何炅再次迎来了生日，也收获了大半个娱乐圈的祝福。

这个被称为大陆主持界“常青树”，近 20 年来内地最会说话的主持人，却称自己其实并没有太多“说话艺术”。

在《向往的生活》里，他像是人际交往过程中的润滑剂，又是助推餐桌气氛的催化剂；他是聚拢各方嘉宾的“总调度”，也是无聊时给你解闷、入夜后给你披衣的“总协调”。他在蘑菇屋里说了很多话，很多被记住，很多被称赞，也有很多被过度解读，以至于有粉丝这样说：我看这个节目，就是来向何老师学习的，看看究竟怎样说话才能让人更舒服。

一个典型的例子是，李小冉和潘粤明作客蘑菇屋时，问何炅：“我俩是不是来过的嘉宾中最安静的啊？”何炅给出的或许是可以写进教科书的“标准答案”：“没有人会比赛这个的。”

即使是最尴尬的瞬间，被业界公认为是“何老师”的他，也能在不经意间，用只言片语磨平和消解那些因为年龄差异、生活经历和文化背景而造成的沟通“暗渠”。所有被何炅“高情商”折服的人恐怕都不会忘记，唐国强在某次做客《快乐大本营》时，不小心把何炅的名字念成了“何灵”，场面一度十分尴尬。何炅立刻回应:“唐老师其实在十年前就管我叫‘何灵’，他当然知道我叫何炅，但是这是我们之间的一个昵称，大家别误会，别误会。”

所以不管是《快乐大本营》还是《奇葩大会》，不管是《明星大侦探》还是《向往的生活》，何炅的“高情商”和“话术技巧”从城市延绵到了乡村，在蘑菇屋的柴米油盐和粗茶淡饭中更透出一种贴满“共情”标签的人性关怀。

武大靖做客蘑菇屋的那期节目中，何炅用还原运动员独特经历的方式，隔空间接回答了网上一些关于“《向往的生活》为什么宁愿请运动员也不请那些流量明星”的疑问。“我今天看到（武）大靖的腿，你看他那个腿上（的伤）都是穿冰刀弄的，这个已经变成他身体的一部分了，所以我会对运动员有种不一样的感觉。他们在绝大多数人忍受不了孤独的情况下，带着一个根本自己决定不了的梦在努力。”

与其说这是他在内地综艺节目中的控场本领和话术技巧，不如说他是把自己折叠、打包，一股脑儿抛进特定群体的工作和生活模式中，好让自己进入不同领域和群体的本质中去。

美国心理学家卡尔·罗杰斯曾提出过一个“共情”的概念：“所谓共情（empathic），指的是站在别人的角度考虑问题，它意味着一个人已经进入了他人的私人认知世界，并完全扎根于此。”共情的存在基础是：人类共同的心理沉淀，这种情愫能让我们懂得他人，而不是成为他人。换言之，在外界对何炅“高情商”的褒奖背后，其实隐藏着何炅对待亲朋挚友甚至陌生群体的某种共情力，这种共情力体现在当黄雅莉唱起《蝴蝶泉边》时，他会在清晰的记忆里寻找到两人曾经的那些珍贵交集，也体现在当魏大勋抱怨导演让演员“背锅”时，他的那句建议“做艺人，不要去横向比较，你其实是无心的，但如果我这么一拗，好像没有这个意思都有这个意思了”。当然，也体现在黄磊酒足饭饱后感叹自己“老了，眼睛不行了”时，何炅自然而然蹦出的那句话：“在我心里，你永远十八。”

“跟何老师做节目你永远也不用担心，不管自己说错什么，他一定会兜住你。”这是王珞丹在一次访谈后说的话。一个对“何老师”最简单也许最到位的评价是：他就像小说里的孙悟空，会根据节目的性质和要求，对自己金箍棒的长度进行随意调节，然后施展特殊法力，去征服那些口味哪怕最刁钻的观众。

何炅认为，自己每天做的事情其实非常简单。“我的工作？很简单啊，就是逗大家开心啊，嬉笑怒骂，然后让大家忘记一天的疲惫。”

有人曾说：何炅，你怎么这么八面玲珑，说话这么圆滑呢？

他想了想回答：我不是圆滑，我是希望每个人都体面。

“最好的生活，一定是简单的、自然的生活”

问：在《向往的生活》第三季的第一集里，你被黄雅莉的《蝴蝶泉边》唱哭了，是因为看到了年轻时的她们和自己吗？

何炅：我当时想到了我们一起走过的日子，就是2005年“超女”选秀前后的一些故事。

我其实和雅莉一起经历了很多事情，所以我在节目中会对子枫说，坐在你身边的这个姐姐（黄雅莉），我第一次见她的时候，她的年纪和你差不多呢。

这些年黄雅莉走得不容易，她热爱音乐，在美食、手工等领域也有斩获。那期节目正好是第三季的第一期，当她唱起17岁唱过的歌时，我仿佛看到了时间在流淌，时间就近在眼前，这是一件非常有意义的事情。我当时真的挺感动的。

问：如果当时的那个场景换在城市里，你觉得自己还能被触动吗？

何炅：我觉得这和城市、乡村没太大关系吧，最主要的，还是人与人之间的一个关系。

所以我会这样去理解《向往的生活》这个节目：这是一个借乡村和田园场景，重新寻找和定义人与人之间关系的节目。

问：在节目里你曾坦言，一年365天，自己可能有300天都在工作。有没有想过真的有一天，自己来到农村，过蘑菇屋式的田园生活？

何炅：我没有设想过将来要过什么样的生活。我这个人吧，其实是比较随遇而安的，我会很愿意努力地活在当下，过好即将到来的每一天，所以我从没预想过，将来我会把自己的生活放在什么地方，将来我会怎样去安排我的生活场景，将来我会在城市还是乡村，或者我将来会过哪种模式的生活。《向往的生活》虽然是一档节目，但我真的很享受在蘑菇屋里的生活，这给你一种纯真的幸福感，大家就像一家人，没事喝喝茶，做做饭，聊聊天，唱唱歌。

问：在节目中，你引导大家做游戏、说心事，有没有在某些场景时，会害怕其他人因为彼此不熟悉而导致冷场或者尬聊？

何炅：其实我也没有刻意去引导大家做游戏或者说出心里话啊，只不过最后节目剪辑出来，会让大家感觉到，我们这群人可能到了某个时间节点，就会去那样做，就会去那样发生联系吧。

但实际上在蘑菇屋里，我们一天里的24个小时是绝对超值的，时间很自然地在流逝，所以我也没必要去担心谁和谁单独在一起会冷场啊、谁和谁又没话找话啊之类的。

最好的、最令人向往的生活，一定是简单的、自然的生活。通过劳动和体验生活，大家自然而然就熟悉了，彼此之间的生疏感也会慢慢被淡化，因为很多工作是一个人完成不了的，是需要团队协同合作的，比如下田插秧，再比如做饭，做饭之前你必须劈柴、生火、准备原材料等等，所以你和其他人的联系其实是注定了的，是必须的，我相信每个人也都不会排斥这种接触和联系。这些都是大家培养感情和建立信任的一个不错的桥梁。

再谈到尬聊，其实这个节目真不存在太多的尬聊，老实说，如果偶尔有的话，也会被节目组剪掉。

问：你在娱乐圈是出了名的好人缘，在和不同身份、领域、年龄的人打交道时，你有哪些与人相处的诀窍？

何炅：我个人总结的嘛，先是聆听，你得先听清楚别人在说什么。在这个过程中你千万别犯急，别急着自己妄下定论，也不要急着表达自己的观点，因为你的态度，自己是肯定非常清楚的，所以一旦你急于表露观点，你反而就不能从别人的角度去思考问题了，反而不能做到换位思考，这是特别需要注意的一点。

通过和不同身份、年龄、职业的人打交道，我在入行后学到了很多东西，我觉得聆听是尝试理解对方的开始，也是尊重对方的起点。

问：不管是节目中还是私底下，你都被大家称呼为“老师”，你觉得这个称呼对你个人而言准确吗？

何炅：承蒙大家伙儿抬爱，“老师”真是对我的一个爱称。我其实并不是什么老师，只不过因为这么多年以来，大家都能在屏幕上看到我，而我呢，则是一个一直在节目和屏幕中陪伴大家的老朋友。

生活中的我其实是一个比较被动的人，你别看我在节目里会搞怪，会顽皮，但我其实不会主动约朋友一起做什么事情，也不会主动去张罗家里的事情。我真的比较被动，但我在生活中也比较随意。

问：你的好脾气一直被外界称道，你还记不记得，迄今为止让你最生气的一件事？

何炅：这个我真的不太记得了，因为我不会刻意记这些事情，我不太容易真的生气。哪怕发生了很多不愉快，我更多时候想的都是怎样尽量去化解矛盾，尽量不给自己添堵，尽量不往心里去。

问：面对那些自己并不那么喜欢或者认同的人，你一般会怎样和他们打交道？

何炅：工作中如果不可避免地遇到这种人的话，我会尽量去多想他的优点，而不是放大或者纠结于他的缺点。当然了，我处理这些事情最大的可能性，就是尽量不和这种人来往，尽量保护好自己，所以我现在也不会选择和那些容易让自己感到不舒服的人打交道。

问：你是那种需要嗨的时候就能嗨起来，需要安静的时候就立刻能静下来的人吗？

何炅：我觉得我的嗨点很低，哭点也比较低，这可能是因为我有一种共情力吧。但我平时在生活中是一个很安静的人，话不太多。

问：如果用一种颜色来形容你的性格，你会选哪种颜色？

何炅：我觉得我的性格偏蓝色，但会根据不同场景而呈现出不同程度的蓝。比如生活中的我比较偏向于淡蓝色，谐音也和“淡然”比较类似；工作中的我是比较浓的那种蓝色，相对来说饱和度会更高一些，我呈现出的状态也会更立体和饱满一些。

问：很多人认为，综艺类主持人已经迎来了最好的时代，你同意吗？

何炅：我不觉得这是最好的时代，但如今一定是个好的时代。

问：节目中的你总是以悉心待人的形象出现，生活中的你有什么不同或者反差的地方吗？

何炅：生活中的我比较被动，比较安静。小时候或者说年轻的时候，我还比较喜欢和朋友出去一起唱唱歌，逛逛街什么的，但我现在不太愿意这样了。如今，我觉得最舒服的一种状态就是，邀两三个朋友来家里坐一坐，大家看看电影、喝喝酒、聊聊天，这样就挺美的。

问：你内心最向往的生活是什么？

何炅：我内心最向往的生活，其实就是现在的生活，因为如果在生活中我只有一次机会，我一定会将它把握住。

CHAPTERS 5

嗨皮 de 味道

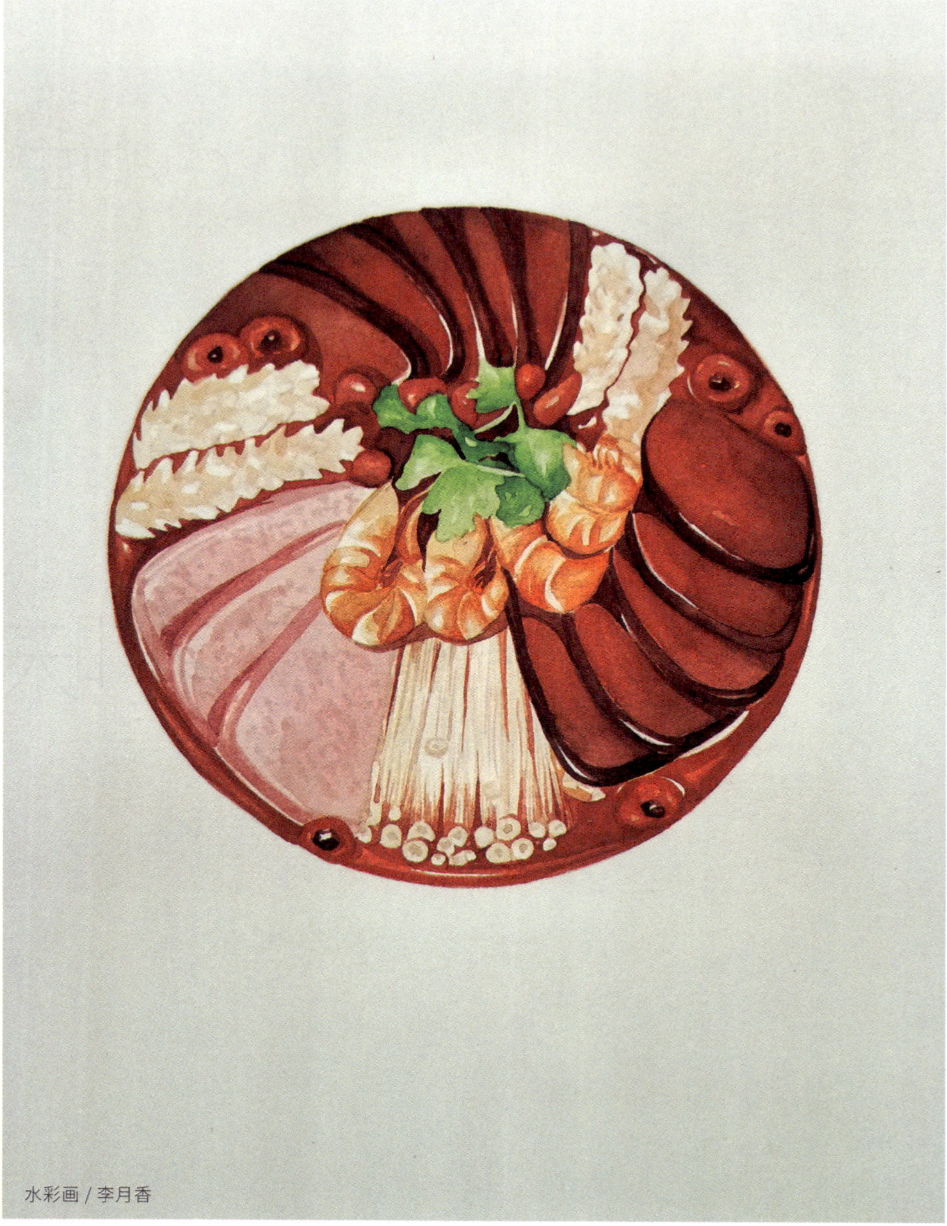

水彩画 / 李月香

毛血旺

客　人：陈赫
主　厨：黄磊
食　材：鸭血、午餐肉、黄喉、牛肚、黄豆芽、火锅底料、豆瓣酱、干辣椒、花椒、葱、姜、料酒
做　法：
1. 鸭血和午餐肉切片，牛肚洗净切丝，黄喉切小片；
2. 锅中放入适量水、葱段和姜片，烧沸后放入鸭血片、黄喉片和牛肚丝汆煮约 1 分钟左右，捞出备用；
3. 炒锅中油烧五成热时放入葱花爆香，随后放入黄豆芽和盐翻炒至豆芽熟，盛出，放入容器中做打底菜；
4. 锅里放油烧热，放入底料和豆瓣酱，大火炒化后调入料酒和水，依次放入午餐肉、鸭血片、黄喉片、牛肚丝，再煮约 1 分钟后关火，连汤带水倒入容器里；
5. 炒锅里放油，微热时将干辣椒小段和花椒放入，转小火慢慢炸出香味后关火，淋在做好的毛血旺上面，撒上些许香葱碎即可。

嗨皮的味道

文 / 罗德岛

做人呢，最紧要就是开心。

——TVB 台词

一说到香港 TVB 这二三十年来最经典的台词，很多人第一时间脱口而出的便是它了。开心、快乐、高兴，就是嗨皮。都说缺啥想啥，这句话之所以出现频率这么高，可能正是因为多数人体味到生活不易，开心难求吧。

嗨皮是一种能力

小时候，快乐显而易见，只要你童心未泯，整个世界都是游乐场。长大了，富贵功名一地鸡毛占据了游乐场，快乐就像在跟我们捉迷藏，要么是你自以为找到了却发现其实不是，要么是你以为自己奔着快乐去的，等到了跟前才发现自己在缘木求鱼。看看那些嗨皮的人，好像都天生具备某种能力，就像手握藏宝地图的印第安纳·琼斯。

17 世纪大批评家金圣叹，因为一连 10 天的阴雨连绵，和朋友藏身一所庙宇，他不仅没有像前人一样感时伤怀，逢雨必忧，反而做了一件传颂至今的趣事。他用晦暗不明的 10 天，盘点梳理出了自己人生 33 个最快乐的时刻，这就是金圣叹著名的“不亦快哉”系列。其中不乏皮一下的快乐，如：推纸窗放蜂出去，不亦快哉！作县官，每日打鼓退堂时，不亦快哉！看人风筝断，不亦快哉！

凭幽默辛辣著称者不少，但金大师就连上刑场的最后一刻还要幽默一把，真真是“娱乐至死”。他因清初著名的哭庙案被判斩首于市，临刑前，金圣叹神秘兮兮地对刽子手讲：我耳朵里各有一张银票，你要是先斩我，这两张银票就是你的了。刽子手大喜，斩了金圣叹后，掏出耳朵里塞的字条一看，一边写着“好”，一边写着“疼”。金圣叹离经叛道，十足怪才，或许在他心里的那杆秤上，快乐的分量比死来得重，这还真不是一般人能比的。

普通人玩不起大幽默，会找乐子的人还是有的。

有段时间常去一位茶老板店里喝茶，刚开始聊他家茶的来源制作等，发现他不仅很懂茶，还特别擅长将专业生僻的知识说得平白易懂。他 60 来岁，农村家庭出身，没读过什么书，但谈吐有条有理逻辑缜密，懂的也挺多，且还不是浅尝辄止的知道而已，而是正经上心钻研过的那种。他说自己是隔一阵迷一样，迷一样就非得弄懂搞透才放手。

喜欢串珠、皮具，他便买了材料设备自己在家琢磨打制。不满广式腊肠的越来越失味，他跑到东莞偏远旮旯地方，找老手艺人学会正宗的灌制手法，每年做一批，每次都被朋友抢完。

我问他怎么能培养出这么多兴趣爱好，他没有直接回答我，而是问：“你知道我每天起来第一件事是做什么吗？”我摇头，他笑曰：“打扫卫生。”他认为清洁整理的习惯带给他快乐，而人一旦快乐了就会主动去找事做，找事做又会带给他更多的快乐。于是，他的乐子便像滚雪球一样，越“滚”越多，生活对他来说就像一场大型寻宝活动，“永远有乐子在等着我”。

把无聊当有趣

无聊好像是人人避之唯恐不及的。孩子因为害怕无聊而总是需要不停地玩耍游戏，成年人更是用工作、学习、娱乐在与无聊作战，有了智能手机之后，人们发现容易产生无聊感的碎片时间也被占得满满当当了。“不虚度每一寸光阴”固然好，做有价值有意义的事也值得推崇，但何妨无聊一把？来一次把无聊当有趣会怎么样？万一真的有趣了呢？

林语堂在例数自己认为真快乐的时候，举了这么一个例子，“在一个夏天的下午，天边拥起乌云，知道一阵七月的骤雨就要在一刻钟内落下来，可是雨天出门不带伞，怕给人看见难为情，连忙趁雨未降下的时候，先跑了出去；半途遇雨，淋得湿透，告诉人家，我中途遇雨。”

这让我想起买了新雨靴的孩子，总盼着下雨，为的是用靴子踩进每一片洼地，看溅起的水花能不能一次比一次更高，自己就能一次比一次开心。

和有趣的人做无聊的事也很嗨皮。

在《向往的生活》中，黄渤给蘑菇屋的老少爷们儿带来了一段“跳起来”的魔性尬舞，让大家跟着他重复挥手甩腿扭腰摆臀。没想到老少爷们儿都挺“好学”，舞技表情同步在线，画风转向一本正经地群魔乱舞，你看我手脚不协调，我看他活像只青蛙，尽管乐得不行，手脚却完全停不下来。好不容易消停一会儿，黄渤又突发奇想，给蘑菇屋定了条新规矩，只要有人指着另一个说“跳起来”，被指的那人不论和不管在干什么，都得即时起舞。吃午饭的时候，大家正享受着黄老师的美食时，黄渤突然站起身，喊了一句“跳起来”，几个“男同学”像着了魔般手忙脚乱地放下筷子，手之足之舞之蹈之，留不知情的杨颖和倪妮一脸蒙地坐看群戏，两相对比，相映成趣。“跳起来”尬舞貌似挺无聊的，但感染力实在爆棚。黄渤还将它玩到了《快乐大本营》的现场，当舞台上所有人瞬间齐刷刷地跳起魔性的舞步，被“点燃”的网友纷纷直呼：看不够！

以分享有价值的传播为己任的“一席”，请了一个“大概是全世界最无聊的人”王村村，来讲他 4 年中做过的无聊的事。王村村将自己做这些事的过程拍成视频放上网，成了“非网红”视频博主。

他花 6 小时数出一碗米饭总共有 16250 粒。他用邻居送的一束棉花，严格遵循传统工艺，弹出了一床棉被。有一次，他收到一条广告推送，写着别墅带私人游泳池，受到刺激，便砸了自家的浴缸，铺上蓝白相间的瓷砖，装上射灯，将它变成一个 1.5 平方米的游泳池，取名“马尔代夫”，还邀请朋友和他一起穿上装备在“马尔代夫”浮潜。

王村村是个广告人，可能有人会认为他的无聊更多是行为艺术上的探索和意义，而王村村自己觉得无聊这件事改变了很多他对世界的看法，“任何一种东西或者方式，都能成为我们走向未来的驱动力。可能每个人都会找到适合自己的那种方式，我恰好选择了无聊而已。” 就像他在视频里经常会说的一句话：我是村村，希望你开心。

爱生活，才嗨皮

我有个朋友，无论外出旅行还是出差，每到酒店，哪怕只住一晚，她都会将房间按她的意愿重新布置一番，最起码也会从外面摘朵花啊草啊的插在床头桌上。她不爱运动，却是个闲不住的人，天生就爱收拾整理，不光在自己家，在朋友家看到散了页的书、破了嘴的娃娃，都忍不住帮着补好缝上。她身上有一种魔力，每次跟她待的时间长了，我也会变得勤快起来，跟着勤快起来的，还有对眼下的日子莫名的新鲜感和小小的兴奋。我想，她应该就是那种对生活有着本能热爱的人吧。

与其说会嗨皮的人必然热爱生活，不如说会嗨皮是生活对一个热爱着它的人的友情回馈。有人说过，这个世界就像个游戏盘，当我们全身心地投入这个游戏中，这时候就叫热爱生活，无论你的喜怒哀乐都能被称为热爱生活的表现。

纪录片《四个春天》，导演陆庆屹把镜头对准自己父母的生活日常。父亲内向温和，不好交友，喜欢自娱自乐，二胡笛子笙箫钢琴轮着玩，尽管都不怎么擅长。母亲开朗敞亮，爱唱歌，俏皮话说得是真好玩，笑起来很有感染力。两人日日相伴，将日子过成了一首清新优美的诗——养鱼，熏腊肉，看燕子，给蜜蜂做巢，上山摘秋葵，在田畔轻舞歌唱，种花养树，回忆往事……

两个老人身上似乎有取之不尽的热情，那种对生活的热情，让他们拥有随时随地都能嗨皮起来的能力。儿子教两人发语音微信，母亲对着手机叫一旁父亲的名字，又马上点开播放出来，就这个过程让两人笑到停不下来，俨然拿到新玩具的老小孩。

热爱生活的人自带一种力量，甚至会将这股力量指向自己的人生目标。

有这样一个故事。有一天，孔子召集子路、冉有、公西华、曾皙几个弟子谈各自的理想志向。几个弟子性格各异，有人轻率急躁，有人谦虚谨慎，有人委婉曲致，但说出来的志向都无外乎治国富民平天下，孔子听后没有吭声。轮到曾皙发言，他说了一段好像离题很远的话——暮春时节天气和暖了，春耕也结束了，我要约上五六个大人、六七个少年，去沂水里游泳，在舞雩台上吹风，然后唱着歌回家。

这也叫志向？不想，孔子他老人家却登时为曾皙点赞，长叹曰：“我赞同曾皙的想法呀！”

对这段话的解释历来意见不一。抛开各种意见不说，仅从曾皙的字面意思来看，说的不就是人们在辛勤劳作后，去大自然中舒展身心，娱乐嬉戏的美好生活吗？就像儿歌里唱的“做完了一天的功课，让我们来尽情欢乐”。而治国富民平天下的目的，不正是让老百姓都过上这样的日子吗？如果按这种理解，孔子还真是个可爱的老头儿，就算放在几千年后的现代，也会是个爱生活懂嗨皮的人生导师。

劳作

扎稻草人

喂羊

养鸡

赶鸭

爆米花

把米花机架在火上，一边摇一边看机上的仪表压力读数，没错！规定读数到了，手执铁棍脚也跟着使劲撬开米花机，也没错。“嘭”的一声后，爆出来的米花落进竹筐，很好！但为什么王迅、彭彭爆出来的米花变焦了？因为他们加的是白糖而不是糖精！就算是从小就看惯爆米花的“70后”“80后”，也想不到其中居然暗藏着这么一个玄机！

躲膜

黄渤、黄磊、王迅、于和伟几个中年“油腻”男凑在一起，一块塑料膜也能玩得兴致勃勃，真是会玩！他们各执塑料膜一角，口令发出后，分别向对角线跑过去，要保证在塑料膜落地之前跑到对角方。很无聊对吧？但当你看到他们笑着叫着，有的找错方向，有的撞到了一起，每个人都像是被一条疯狗追在屁股后面般地跑着，完全不顾所谓身份人设，还原成一个个大孩子般全情投入，无暇他顾，旁观者很难不被感染，甚至可能已在心里打算，哪天找几个哥（姐）们儿也这么玩上一次，彻底乐呵一把。

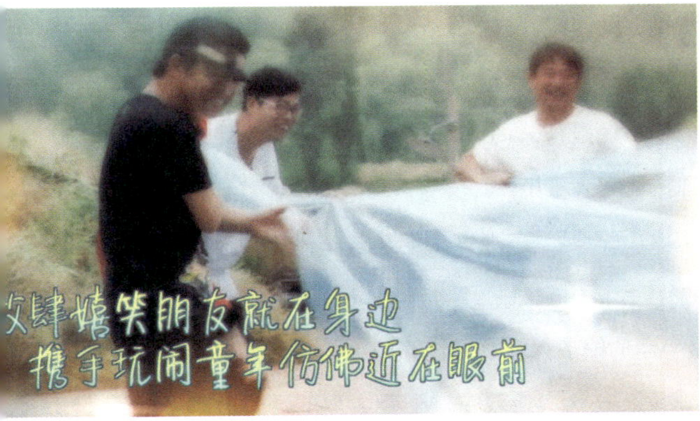
肆嬉笑朋友就在身边
携手玩闹童年仿佛近在眼前

五千年来，我们是如何找乐的？

文 / 林葭

高濂的《遵生八笺》、李渔的《闲情偶寄》、蒋坦的《秋灯琐忆》、林洪的《山家清供》，在实用主义者的眼里，记的都是无聊之事，无用之物。然而，世间荒芜而喧嚣，不给自己找乐，不为无聊之事，何遣有涯之生？

古代人：开 Party，喝酒，一言不合就作诗

在找乐这件事情上，古代的文人墨客可谓乐此不疲，他们热衷一群人聚在一起找乐，所谓雅集，按今天的说法就是开 Party。东晋的兰亭雅集、北宋的西园雅集，元代的玉山雅集，并称古代三大雅集。

雅集上离不开酒，古代人喝酒可不是“来来来，干了这一杯还有三杯”，最著名的酒事发生在东晋永和九年会稽山阴之兰亭，王羲之和名士谢安、孙绰等 42 人围坐在河渠两旁，将盛了酒的觞放入流水中徐徐而下，觞在谁的面前打转或停下，谁就得即兴赋诗并饮酒。在这次游戏中，王羲之写下了天下第一行书《兰亭集序》。

作诗写词对古代人来说也是乐事之一，无论描景状物，咏怀言志，一言不合就写。开心时“春风得意马蹄疾”，失意处“此曲有意无人传”，思乡时“雪里题诗泪满衣”，送别时既有“等闲离别易销魂”的不舍，也有“海内存知己，天涯若比邻”的洒脱；举头望月，有人“低头思故乡”，有人追问“江畔何人初见月”……

除此之外，他们舞剑弄墨、作画抚琴、赏花对弈，并在找乐的过程中总结出《赏心乐事十六件》：清溪浅水行舟，微雨竹窗夜话；暑至临溪濯足，雨后登楼看山；柳阴堤畔闲行，花坞樽前微笑；隔江山寺闻钟，月下东邻吹萧；晨兴半炷茗香，午倦一方藤枕；开瓮忽逢陶谢，接客不着衣冠；乞得名花盛开，飞来家禽自语；客至汲泉烹茶，抚琴听者知音。

民国人：长篇巨著写得来，鸽子蛐蛐玩得溜

把时间轴拉至民国时期，此时的大师们在学术上造诣深厚，性格上或痴或狂，生活中同样喜欢找乐，有很多让人忍俊不禁的兴趣爱好——章太炎喜欢替人看病、金岳霖酷爱斗鸡、王国维嗜甜如命、梅贻琦爱打麻将、王宠惠到处蹭饭、胡适居然热衷当月老……

但公认会找乐的，不得不提“京城第一玩家”王世襄，“不冤不乐”是他的理念，养鸽子，他常手持长杆在房顶上跑，训练鸽子的反应能力；斗蟋蟀，他 12 岁一人挑灯去乱坟岗抓蟋蟀，听着声一抓一个准；玩鹰要先熬鹰，比谁不睡觉，王世襄六七夜不打盹，把鹰熬服了；偏爱明式家具，近百件的明式家具挤放在房子里，最后只剩下一条过道。为了找乐，王世襄常年一辆自行车穿街过巷，每天骑行上百里。

别人“玩物丧志”，他却是“玩物成家”，不但找到乐趣，还找到了学问。玩蟋蟀，他编成了堪称“蟋蟀百科全书”的《蟋蟀谱集成》；玩漆艺，他花了

10年时间为中国现存唯一一本古代漆工专著《髹饰录》编写解说；玩鸽子，为《明代鸽经清宫鸽谱》编写了图说；收明式家具，钻研四十余年写下《明式家具研究》。

找乐找了一生，晚年时王世襄将收藏的古琴、铜炉、佛像、家具、竹木雕刻、匏器大部分交予国家，或以低价象征性地转让给博物馆收藏、拍卖。寻找时乐在其中，散去时云淡风轻，拥有过即是乐事。

现代人：听从内心，别为“找乐”而找乐

古人吟诗作对、把酒言欢是乐，民国文人玩鸽子斗蛐蛐也是乐，来到现代，举目四望，可找的乐子似乎太多了，大有“乱花渐欲迷人眼”之势。然而，现代人也在日复一日的忙与盲中丧失了找乐的本领。舆论导向不断告诉你要做一个有趣的人，应该做这些不能做哪些。为了标榜“找乐”而找乐，大概这已偏离了找乐的真正含义。

在我狭隘的世界观里，找乐，是忘情投入其中，不跟风不讨好，不为成为别人眼中的“达人”，不讨一个“好嫁”或是“好娶”的虚名，仅仅因为喜爱并能从中获得快乐。

坚持健身，在重复的动作中挥汗如雨，一次次突破自己的极限，让身体柔韧并充满力量，而不是去“认识很多人”；种一盆花，看一颗种子从萌发、抽芽、长叶到开花，在花朵的千姿百态中体验生之甘甜，不为被称赞“有生活情趣”；记手帐，旅途中遇到的风景，日常的点滴感悟，用自己的方式记录时光，不仅因为“现在很流行”；学会烹饪，发现各种食材之间的亲疏关系，端出一桌可口菜肴，小的来说，至少在外卖不送餐的时候，有让自己填饱肚子的能力，不只是为了“贤惠”之名……正是“欣于所遇，暂得于己，快然自足，不知老之将至”。

（明）钱榖《兰亭修禊图卷》局部 / 美国大都会艺术博物馆。

即使劳作，也沉浸在惬意的小时光中。

快乐的时光齿轮总是

好开心啊，家里大人喝着酒，小孩睡了。

乡下清冷的夜晚，长久等待后的喜悦最沁人心

跟学生在一起，仿佛回到了学生时代
相聚时间虽短，心中回忆却绵长。

为什么这儿的星星那么亮那么闪，有人说是因为这儿慢。
有可能是那颗心就腾了一些地方，去注意天上的星星，
然后你留了一点时间去等待一颗流星划过。

向往金句 · 关于快乐

冬日的暖阳，总尝试叫醒睡梦中慵懒的万物。

人偷偷拨快了一样。

时间被相聚的欢乐偷走。我们还是当年的我们。永远是那群稚嫩过的学生，希望每个人都能完成自己的梦想。

再苦再累，也不能丢掉快乐。

念少，睡得好。在家、在酒店老睡不着觉，来这一下就扳来了，来这儿就是心里事少，睡得就快。

还好有歌声，替我们拉住那逃跑的时光。

一个滑板，一片空地，一个朋友，快乐就是这么简单。

CHAPTERS 6

佛系 de 味道

水彩画 / 李月香

赛螃蟹

客　人：孙红雷
主　厨：黄磊
食　材：鸡蛋、姜、盐、白糖、陈醋、油
做　法：

1. 将姜去皮剁成细末，越细越好；
2. 把鸡蛋打散，倒入姜末和适量的白糖、盐搅拌均匀；
3. 开锅倒油，油温热后倒入蛋液翻炒；
4. 快出锅的时候，倒入少许白醋，蛋要炒得嫩些，以保证类似蟹肉般滑嫩的口感。

佛系的味道

文 / 彭军燕

“万头攒动火树银花之处不必找我。如欲相见，我在各种悲喜交集处，能做的只是长途跋涉的归真返璞。

——木心

一间农家小屋里，一群人围坐在矮桌边，桌上摆满杯盘，大家边吃边轻声谈笑，暖暖的灯光洒在他们身上。

黄磊递给孙红雷一盘刚炒好的鸡蛋，嫩黄的炒蛋引得孙红雷胃口大开，立刻夹了一块放进嘴里慢慢咀嚼，脸上一片满足感，连连赞叹“太好吃了”，旁边的谢娜、赵丽颖等人纷纷举箸品尝，时光仿佛定格在那盘令孙红雷赞不绝口的炒蛋上……

这是《向往的生活》里的一幕，这里出尽风头的“炒鸡蛋”，口感滑嫩，味似蟹肉，故名“赛螃蟹”。

据说此菜是古时一位穷书生吃不起螃蟹，炒了一盘鸡蛋白，发现味道很像螃蟹，于是将此菜命名为“赛螃蟹”。后人在此基础上发展出若干个版本，有加了豆腐、虾仁的宫廷豪华版，据说慈禧很喜欢这个版本。还有其他加黄花鱼什么的，黄磊的做法是低配版，被网友调侃为升级版的炒鸡蛋。

多年前，黄磊曾给孙红雷做过“赛螃蟹”。多年后，兄弟俩又坐在一起吃这道菜，口里是记忆中的味道，心里是岁月沉淀下的交谊。

“赛螃蟹”这道菜把真与假之间的藩篱打破，是不是螃蟹无所谓了，食者追求的是味道引发出来的那种意蕴，令人品尝之余，感悟到一种“闲看庭前花开花落，漫随天边云卷云舒”的生活意境。这种意境与时下流行的“佛系”生活哲学如出一辙，这就令“赛螃蟹”充满了“佛系”的味道。

佛系的味道——淡然

“佛系”一词源于日本的一本杂志，2014 年这本杂志刊登了一篇介绍日本新出现的一种男性品种——“佛系男子”。这些男子表面和普通人一样，但内心里把兴趣爱好放在首位，所有的事情都以个人喜好为主，比如嫌谈恋爱麻烦，就不交女朋友；没钱吃神户牛肉，就乐颠颠地吃黄瓜蘸酱油。

在外界看来，他们的行为是一种“低欲望”的表现，与佛教的启示“欲望是痛苦的根源”有异曲同工之处，于是这些人被冠以“佛系”头衔，他们的生活方式也被称为“佛系”生活哲学。

日本社会之所以会出现“佛系男子”，与其经济高压下社会结构严重固化的状态分不开。近年来，日本的很多产业链呈现固化趋势，大量人才被打包成各类企业的螺丝钉，终身为企业服务，导致很多行业被“老工匠”充斥着。

在此环境下，一些年轻人开始缺失上进心，工作按部就班，生活随心低欲，日本社会也因此呈现出“低欲望社会”的雏形。

“佛系”表面上看有些“低欲望”，甚至“没欲望”，仿佛与“丧文化”的颓废和绝望有点相似，实则不然。

佛教主张万物因缘反复，命运也是因缘而生，坏的命运可以借着种植善因、善缘而加以改变。

受佛教的影响，“佛系”追求的随缘是万物随缘，有缘起自然就有缘灭，缘尽之时不勉强。这种不勉强，不是自我放弃式的不争取，而是在努力改变命运后的不勉强。就如滚筒笼子里奔跑的仓鼠，明白了笼子的本质，于是不再奔跑了。

所以，“佛系”的随意是一种以淡和空为表象、内里则积极主动选择的随意。就如“赛螃蟹”这道菜，味道虽然像螃蟹，但因食材不同，那种似是而非的口感不如螃蟹来得凶猛，淡淡的清鲜徐徐袭来，让人有些迷茫，从而产生一种空灵的感觉，是不是螃蟹无所谓，那种记忆中的“味道”才是本真。

佛系生活方式——随意

近年来，“佛系”概念进入中国，随后出现了佛系潮人、佛系手游等网红和人气手游，“佛系”逐渐走进公众的视野。

2018年在朋友圈火爆的日本人气手游——《旅行青蛙》，可谓是“佛系”里最著名的动漫明星了，青蛙低欲无求、随意皆可的生活态度和生活方式，将“佛系生活哲学”推广到大江南北。

之后，“佛系”生活方式在国内大行其道，很多青年人将其视为上进、正向、有修养的代名词，社会上出现了诸如佛系校花、佛系名流、佛系学霸等叫法，都是名人才子。

这些佛系名流里，首推“佛系明星”。他们不一定是佛教徒，共同点是低调、不炒作、不传绯闻，不到万不得已不更新微博，晒张自拍照难于登天，工作时淡然处之，闲暇时岁月静好。

比如小帅哥黄轩戏里奔放恣意，戏外却过着品茶、写字、读书的佛系生活。还有近年来人气火爆的胡歌，在人气达到巅峰时淡然宣布要去进修，然后决然地消失在屏幕上，那份随意、随性让粉丝望洋兴叹。

还有“国民上仙”霍建华，不开微博，不见粉丝，闷头在家做专职奶爸，没作品时曝光率几乎为零，百分百的“佛系大仙”。

还有马天宇，从不理会娱乐圈的纷争，生活就是两个点——戏棚和家。有次他人间蒸发后，粉丝情急之下打出了“寻人启事”，不折不扣的“佛系隐士”做派。

除了佛系明星，火爆网络的“佛系校花”也是佛系生活方式的一大推手。

2018 年，中国传媒大学学生邓依凡在网上晒出一组自己的照片，高颜值、高学历的校花平时不打游戏、不追剧，喜欢散步、逗鸟和赏花，这种退休老妈妈式的生活令她成为“佛系青年”眼里的女神。

在“佛系名流”的引领下，社会上掀起了一股“佛系”风潮，佛系恋爱、佛系追星、佛系养生、佛系育儿、佛系旅游、佛系购物、佛系拼车、佛系买房……越来越多的人开始关注并践行这种生活方式。

随着佛系生活方式越来越多元化和潮流化，很多年轻人开始对“佛系”生活产生兴趣，其中不乏“90 后”，年轻力量的加入，使“佛系”生活变得更加清新、有活力，并充满时尚感。

比如 2018 年 T 台上最火的颜色是“佛系色”——驼色和灰色。从国际超模到 OL，争先恐后地用佛系色武装自己，无论是头发的颜色还是服装的配色，一色的“佛系”。这种典型的秋冬颜色，散发出一种随意的温暖气息，给人既高贵又舒适的感觉。

毋庸置疑，潮流元素的介入使佛系生活更加鲜活和恣意。就如“赛螃蟹”这道菜，其以鸡蛋替代螃蟹的做法，那份随意、恬淡的意味，恰如其分地诠释出一种“采菊东篱下，悠然见南山”的惬意生活意境。

佛系生活哲学——修行

随着佛系生活方式在国内大行其道，越来越多的人感悟到：“佛系”的出现，让我们坚守的东西被软化，当遇见沉重的人生时段和复杂的社会境况时，以佛系之心态化之，或许就轻松地度过了。

这种从容豁达的心境，经历过修行的人才会拥有。而“佛系”的每种生活方式，其实都是人生的一场修行。

比如旅游这种惯常的休闲方式。一般人旅游，走马观花地欣赏风景，拍一堆无所谓的照片，旅游的目的是“我去过了”。

佛系旅行则不同，一个人或者三五好友，去到一个地方，不沉迷于对景点的执著，不为口腹之欲在饭店间辗转，不为入住几星级的酒店而烦恼，而是选择一间当地人开的客栈或者青年旅社，端一杯茶跟老板聊聊当地人的生活，体会一下当地的文化和生活方式，或者聆听见多识广的老板讲不同旅客的经历，从他人的经历里感悟人生。

通过一趟旅行，听到、见到、感悟到不同的文化和人生。这种旅行经历多了，见惯了悲欢离合，习惯了缘尽缘灭，自然就会形成一番不俗的心境。

以佛系生活方式修行多次后，自然而然地形成一套“佛系生活哲学”。这套哲学，主张“四个不”：不乱于心，不困于情，不畏将来，不念过往。

果能如此，人生则安好。

佛系生活哲学不囿于“佛”的形式，只看重“随意”的内涵。对佛系族群而言，不管是开着宝马去五星级酒店吃澳洲帝王蟹，还是打飞的去巴黎看时装周，抑或是举着手机叫碗武汉热干面、节假日时在淘宝上血拼……这些行为的背后都隐含着佛系生活哲学。

而佛系生活哲学，仿如一根带子，将不同的佛系生活方式连接在一起，形成一个共同的内在，那就是——万物随缘皆是意。

就如“赛螃蟹”这道菜，无论是放了虾仁的豪华版，还是只放了姜末的低配版，出锅后都是“赛螃蟹”。

劳作

炒瓜子

做茶

做茶先采青。采青也就是采茶，时间得在一天中最晒的中午十二点至三点时段，早了晚了都不行。采的时候通常选一芽一叶或两叶，其他要么太嫩要么已老。采的手势也有讲究，取叶间幼梗的中部用食指与拇指夹住，借两指的弹力将茶叶摘断，否则会伤茶叶。采好的茶叶放在地上摊晾 2—3 小时后，便可以杀青了。杀青最主要是为了迅速破坏酶的活性，阻断茶叶发酵。用铁锅炒青是杀青的一种方式。炒茶时通常要将锅温烧到 180—200 摄氏度，当茶叶放进去之后，需要快速翻转，使之均匀受热失水，还要不时抖散茶叶，观察色泽。为了准确感知温度，整个过程，炒茶人通常不戴手套徒手上阵，为免把茶炒坏，得做到手不离茶，茶不离锅。想要练铁爪功的小伙伴们，先试试炒茶吧。

真·冠军茶

游戏

空气球

刂宪华和武大靖对决的一场无实物乒乓球赛让刘国梁都惊呆了。两人手挥球拍，身体前移后退，辅以
用舌头弹出接发球的声音，连头顶也用上，想象中的球被高抬低调左拉右推。旁边围观群众用笑声惊
乎配合演出，刘国梁满脸写着“看不懂”。最后，这场极具想象力的比赛以武大靖一记头球“获胜”，
这位“冠军”一边宣布自己赢了，一边笑说“太扯了”，何炅还不忘实力“补刀”：“你们为什么要
上刘国梁看这个？”正牌冠军这才彻底笑开了——心里可能在说：你们年轻人真会玩。

除了《心经》，这些文章也值得一抄再抄

文 / 林葭

加班到深夜仍做不出领导满意的方案，孩子学校的家长活动总是因为无法请假而一再缺席，面对父母期盼的目光不敢承认自己依然一事无成——在这个喧嚣的社会，人事烦杂，有太多的措手不及。举目四望，心生惶惑的现代人，一遍遍抄写《心经》，以此追寻内心的安定，找到前进的力量。其实除了《心经》，老祖宗还给我们留下了很多宝藏，这一碗碗洞察人心、练达世事的鸡汤，永不过时，值得你在失意时、彷徨时鼓舞自己，在得意处、风光处警醒自己。

《破窑赋》

“天有不测风云，人有旦夕祸福”，大概是中国人最熟悉的话了，这老生常谈的两句话，出自北宋名臣吕蒙正。吕蒙正出身贫寒，曾经和寇准一起在破

窑读书，深知人间冷暖，后又高中状元，官至宰相，更能深刻体会人心宠辱。他的一篇《破窑赋》，相传为教化太子而作，被誉为警世奇文。

文章以吕蒙正自己从“寓居洛阳，朝求僧餐，暮宿破窑，思衣不可遮其体，思食不可济其饥，上人憎，下人厌”到“今居朝堂，官至极品——思衣而有罗锦千箱，思食而有珍馐百味——上人宠，下人拥”的经历，感叹德艺双馨的圣人孔子，被困于陈国；助周朝建立八百年大业的姜太公，垂钓于渭水之畔，列举尧帝、瞽叟、张良、晏子、孔明、项羽、刘邦等诸多历史人物的命运和磨难，感叹这世间的起起落落“时也、运也、命也”，劝慰世人“富贵不可尽用，贫贱不可自欺，听由天地循环，周而复始焉”。

《破窑赋》篇幅不长，透出的是人生命运和天地自然变化循环的思想，读罢让人掩卷深思。

《菜根谭》

鸡汤并非现代产物，只是以前不叫“鸡汤”，叫“菜根”。古人言“吃得菜根，百事可为”，这里的菜根，就是著名的鸡汤读物，就是《菜根谭》。

《菜根谭》由晚明道人洪应明收集编著，汲取了中国几千年为人处事之道的精义，是立身处世的经典范本，在清朝流传甚广，影响巨大。相传康熙帝为了教育子女曾亲自编录“满汉合璧本”《菜根谈》。

“从静中观物动，向闲处看人忙，才得超尘脱俗的趣味；遇忙处会偷闲，处闹中能取静，便是安身立命的工夫。”

“人之有生也，如太仓之粒米，如灼目之电光，如悬崖之朽木，如逝海之一波。知此者如何不悲？如何不乐？如何看他不破而怀贪生之虑？如何看他不重而贻虚生之羞？”

《菜根谭》里的一碗碗鸡汤，文辞优美，对仗工整，含义深远，耐人寻味，放在今天来看，它依然让人喝得心甘情愿。

《小窗幽记》

明代名士陈继儒书画诗文俱佳，儒释道俱通，在读书为科举的年代，他偏对仕途不屑一顾，在 29 岁那一年，把象征文人的衣服帽子全烧掉了，跑到山上修了几间草屋，编书、著述、作画、写诗，顺便熬制心灵鸡汤。

对青年人，他告诫道："一失足为千古恨，再回首是百年人"。面对生活，他"闲看庭前花开花落，静观漫天云卷云舒"。在利益得失面前，他说："透得名利关，方是小休歇；透得生死关，方是大休歇。""安详是处事第一法，谦退是保身第一法，涵容是处人第一法，洒脱是养心第一法"，这是他为人四法。"不可乘喜而轻诺，不可因醉而生嗔，不可乘快而多事，不可因倦而鲜终"是他的处事四不。"守恬淡以养道，处卑下以养德，去嗔怒以养性，薄滋味以养气"是他的养生之道。

这些精妙绝伦的语句在他的《小窗幽记》里随处可见，字里行间是隐居山林的超然，道眼清澈的慧解，灵性四射的意趣，为世人指引一条光明之路。

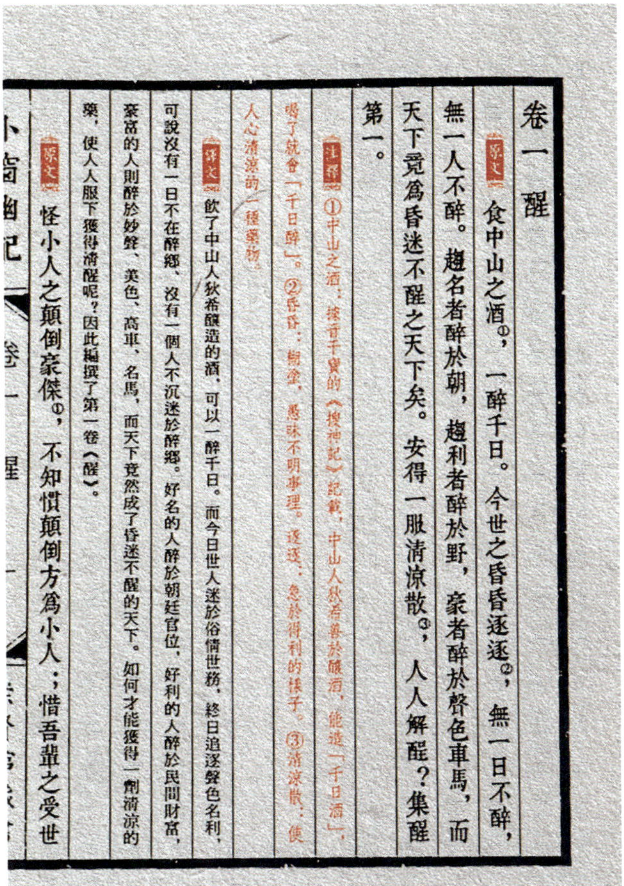

卷一 醒

原文 食中山之酒①，一醉千日。今世之昏昏逐逐②，無一日不醉，無一人不醉。趨名者醉於朝，趨利者醉於野，豪者醉於聲色車馬，而天下竟為昏迷不醒之天下矣。安得一服清涼散③，人人解酲？集醒第一。

注釋 ①中山之酒：按晉干寶的《搜神記》記載，中山人狄希善於釀酒，能造「千日酒」，喝了就會「千日醉」。②昏昏：糊塗，愚昧不明事理。逐逐：急於得利的樣子。③清涼散：使人心清涼的一種藥物。

譯文 飲了中山人狄希釀造的酒，可以一醉千日。而今日世人迷於俗情世務，終日追逐聲色名利，可說沒有一日不在醉鄉，沒有一個人不沉迷於醉鄉。好名的人醉於朝廷官位，好利的人醉於民間財富，豪富的人則醉於妙聲、美色、高車、名馬，而天下竟然成了昏迷不醒的天下。如何才能獲得一劑清涼的藥，使人人服下獲得清醒呢？因此編撰了第一卷《醒》。

原文 怪小人之顛倒豪傑①，不知慣顛倒方為小人；惜吾輩之受世

線裝本《小窗幽記》内页 / 崇贤馆。

人生要有很多无聊时间，这样你才有时间思考。

生活不是看到希望才坚

没有哪种幸运是单纯的运气。

其实吃素的人，都比较有钱。坚持健身的人，都是很自

经历是人生宝贵的财富。包括好的和不好的经历，当你遇到不好的事情时，你会意外收到朋友额外的关心，或者你认识到某一些事情是不适合的，或者是发现了某些人的嘴脸，这些都是你在顺境里看不到的。

人的一生要经历很多次的离别。只有孩子才害怕离别，而我们只计划重逢。

突然觉得自己有一点没用，然后又觉得过这样的子很好。没必要天天、时时刻刻都有用。

向往金句·关于人生

干活多了，烦恼少了；肚子胀了，脑子空了；打嗝响了，心里静了。

而是坚持了才会看到希望。

世界上没有那么多巧合，多的只是那些看似随意的良苦用心。

所有的坚持都是有意义的，但不是所有的坚持都是划算的。

生活是一个幸福的话题，用心装饰生活里的微小细节，不要在混沌中磨蚀它。就算黑夜来临，也有实实在在温暖的光芒。

活着干，死了算。

学会变通之前，首先要懂得承诺的可贵。

心里的坎，迈过去就好了。

向往专访

漫画 / 李雄飞

刘宪华
在蘑菇屋里，收获人生众多“第一次”

文 / 白莉莉

在蘑菇屋里，刘宪华实现了人生的很多次“零的突破”。

第一次生火，第一次劈柴，第一次和叫“小 H”和“小 O”的狗嬉戏，第一次体验农村生活……在接待做客嘉宾的同时，这个成长在加拿大、求学在美国、成名于韩国的华裔明星，开始零距离接触到中国原汁原味的乡村生态。

来蘑菇屋做主人之前，刘宪华在加、美、韩、中四个国家不同的文化氛围中切换：

在加拿大，他是 5 岁学小提琴、6 岁学弹钢琴的音乐神童，获得过加拿大小提琴皇家十级证书；

在美国，他拿过伯克利音乐学院全额奖学金，自编曲目《Monster》登上过美国 Billboard 告示牌畅销榜第六名；

在韩国，他是优质偶像，小提琴、钢琴、吉他、架子鼓样样能来，被称为“乐坛鬼才”；

而在中国，虽然此前参加过好几档综艺节目，但在《向往的生活》里，在充斥着乡土气息、社交的蘑菇屋里，刘宪华才是真正意义上的第一次开始接触、第一次尝试去读中国乡村社会这本“大书”。

对于蘑菇屋里的角色分配，有人曾做过这样的归纳：黄磊是主攻MC，相当于爸爸的角色；何炅是辅攻MC，更偏向于妈妈的角色；彭昱畅是家里的小儿子，闷不吭声但任劳任怨，刘宪华扮演的则是大儿子的角色，他会顽皮地“邀功”，彭昱畅剥毛豆时，他在旁边玩耍，但看到黄磊要进屋时，他马上抢活过来“做样子”；他有時也会偷懒，黄磊说一句“你去把鱼抓了吧”，他磨蹭半天兜圈子，故意装出一副不情愿的表情；他还爱吃，尝了黄磊的葱油饼后直呼“好吃”，还建议黄磊去街边摆摊；他还喜欢冷不丁来个“故意暧昧”，会在很多女客人面前说“土味情话”，以至于网友调侃他是“尬撩小天王”。

但也正是这样一个会顽皮“邀功”、有時偷偷懒的形象，让刘宪华一下子拉近了和屏幕前观众之间的距离，以至于第三季他缺席、当蘑菇屋的饭菜再次上桌时，黄磊会特意为他留个位置，“一吃葱油面就想到他了”“也不知道大华现在在干嘛，有点想他了”；以至于很多观众都在想：缺少了那个憨厚卖萌、顽皮耍赖的大华，蘑菇屋好像少了一种味道，一种千家万户里都熟悉的味道，一种小辈可以在家耍嘴皮子的任性味，那是年轻的味道。

“在蘑菇屋的那段时间是让我平静下来感受生活的一段日子，那是我从小到大都没有体验过的‘生活’。我们一起下田、抓鱼，一起做每一顿饭，一起被太阳叫醒，一起看月亮升起，和大家在一起，我学了很多本事，那个傻傻的刘宪华变成了‘我相信、我自信’。”暂别《向往的生活》节目和蘑菇屋后，刘宪华在微博上写下了这段话。正如他所说的那样，他所向往的生活，就是大家在一起吃吃喝喝的日子，就是体验那些从没体验过的生活。

“有家人、朋友、音乐，大家在一起，这是我向往的生活”

问：你对节目里来做客的哪一位嘉宾印象最深刻？

刘宪华：我印象最深的是吕思清老师，我之前就听说过他，他是很厉害的小提琴家，所以当听说吕老师要来，我一是很激动，因为终于可以见到他了；但我又很紧张，因为我免不了要在他面前拉小提琴，这让我有点忐忑。

不过那次在节目里，我们两个“斗琴”的感觉很爽，吕老师当时称赞了我，我觉得特别开心。

问：通过这档节目，你看到了哪些自己不曾发现的闪光点或者弱点呢？

刘宪华：怎么说呢，我觉得我在与人的沟通方面还需要进一步加强，与人交流时的表达方式和遣词用词方面还要多多学习。

我在节目里跟何老师和黄磊老师学到了特别多的东西，比如我在户外穿得比较薄，然后何老师什么话也不说，直接跑去屋里给我拿外套披上，他的细心和与人为善，是我需要学习的。黄老师非常能干，他会做很多菜，我希望未来我也能学到和他一样的厨艺。

问：你们在节目中一起干了很多农活，你记忆最深的是哪一个场景？

刘宪华：节目里每一次干农活我印象都挺深的，像劈柴、摘菜这些日常劳动，都是节目里生活的一部分，所以我也很习惯这种干活的方式。

问：你在加拿大长大，又在伯克利音乐学院读过书，你觉得加拿大、美国的乡村和中国的乡村有什么不一样？

刘宪华：乡村是每个国家最早的起源，所以不同国家的乡村差异还是很大的，因为地理的差异，植物啊房子啊景色啊都挺不一样的。文化的差异也很大，所以每个地方都能带给我新鲜感，可以有机会到处看看还是挺幸运的。

问：有一种观点，说你希望在国内的综艺里"打造一种特殊的人设"，你怎么看？

刘宪华：特殊的人设？我觉得这可能是大家对我的印象。

但我自己其实没有很刻意地去想做什么人设，因为刚开始录制国内综艺的时候大部分时间是在理解，那时候就想着尽快融入进去。然后本身这个节目也比较自然，真实地展现自己状态就好了。而且因为每一期有新来的朋友们，还要照顾到新朋友们，所以当时注意力大部分都在适应环境和与朋友们的相处上。

问：你怎么看待自己在中韩综艺中积攒下的人气？你是怎样平衡音乐和综艺这两方面的？

刘宪华：我觉得人气这个东西是一种值得感恩的东西，我所呈现的东西有人支持和喜欢，对我来说这是很重要的，这个是不分多少不分国界不分老少的。

音乐和综艺我觉得是不冲突的，但有时候不得不承认，似乎现在综艺更容易让大众看到，所以如果大家因为我的综艺进而看到我的音乐，我觉得也没什么不好。但是要比较综艺和音乐的话，我个人会更热爱音乐一点，音乐是从小陪我长大的伙伴。

问：你现在一直中韩两地跑，未来会不会改变这种工作模式？

刘宪华：暂时应该不会改变。

问：你在加拿大长大，在韩国发展事业，来到中国农村体验田园生活，会不会有一种陌生感和不适应感？

刘宪华：陌生感肯定是有的，因为也算是人生初体验。但是毕竟我是大人了，所以会让自己去尽快适应。而且也是因为没体验过真实的田园生活所以一开始新鲜感和好奇会更多一些。

问：你在中国经常参加的是真人秀节目，为什么对真人秀节目情有独钟？你觉得自己希望展现的性格特点，和观众实际对你的看法一致吗？

刘宪华：因为目前大部分节目都是真人秀，哈哈。

《向往的生活》里这种慢生活让我觉得很放松，可以在快节奏的生活中参加一档这样的节目，真的很难得。

《声入人心》是我当时一看到这个节目是围绕音乐的，而且可以和那么多专业学习音乐的人一起我就很感兴趣。

一千个观众就有一千个哈姆雷特。我觉得不可能让每个观众看到我的样子都是一样的感受，有些观众可能会提出一些建议，我的团队会给我看，我们也会讨论。

问：你内心最向往的生活是什么？

刘宪华：有家人，有朋友，有音乐，大家在一起，就是我最向往的生活。

CHAPTERS 7

田园 de 味道

水彩画 / 李月香

地三鲜

客　人：海清、李解、王晴、杨冬、曾晖
主　厨：黄磊
食　材：茄子、土豆、西红柿、青椒、葱段、蒜末、老抽酱油、油
做　法：
1. 适量植物油入锅，加入葱段炒香；
2. 先后加入切好的土豆和茄子，翻炒；
3. 加入适量老抽酱油；
4. 加入捏碎的西红柿；
5. 依次加入食盐、青椒、蒜末；
6. 将土豆炖至烂熟即可。

田园的味道

文 / 罗德岛

每个人心里一亩一亩田，每个人心里一个一个梦……种桃种李种春风，开尽梨花春又来啊……

——《梦田》（作词：三毛，作曲：翁孝良）

田园不仅是一种口味，还是一种风格。

田园文学，自成一派，欧洲自忒俄克里托斯发轫，中国有陶渊明开先河。

田园美学，崇尚自然，覆盖了服装、手工、家居、空间设计乃至建筑多个领域。

田园生活，则以英国乡村最接近人类的理想，自然、古旧，几乎就是乡愁的代名词。

接地气，很重要

话说《红楼梦》中刘姥姥第二次进荣国府时，正碰上当年收成不错，便带了自家地里种的头拨儿的、“留着尖儿”的瓜果蔬菜过来，让大家“吃个野意儿”。贾母和姑娘们天天山珍海味的吃腻了，正想吃地里现摘的瓜菜，到底“外头买的，不像你们田地里的好吃”。

如今，城市人生活好了，虽不至于天天山珍海味，但返璞归真的愿望与贾母一样强烈，何况还有食品安全问题让人不放心。

因此，为了吃一口接地气的蔬菜，城市人这些年也是摸索出了不少花样。

每逢周末节假日，不少城市家庭都会开着车去周边乡下，找个农家乐住几天。现摘的菜，自由乱窜的走地鸡鸭，生鲜活跳的鱼虾，都是肉眼可见的原生态。顺便带孩子体验亲手摘菜采果的乐趣，寓教于乐。

那些比较能干爱捣鼓的，则致力于在阳台、屋顶和院子里实现田园梦。前段时间有个视频引起几百万网友围观。在澳大利亚悉尼生活 10 多年的华人杨女士与英国老公，5 年前买了属于自己的房子后，老公在自家园子种了各色鲜花及澳大利亚当地植物。然而，自从杨女士把妈妈接去同住后，老太太将花园整个儿改成了菜地，鲜花变成了香菜、大葱、大蒜、姜，就连游泳池的旁边也变成了扁豆、西红柿的天下。洋女婿无所适从，一言不发，老太太说话了：这么好的地儿，不种菜也太可惜了！网友评论：中国人的种菜能力独步天下！

没有院子、阳台太小？难不倒我们。上郊区租或买下一块地，自己做农场主！租地种菜，大部分时候是将自己所租的菜地交人打理，定期可以收成，也可以不时亲自前往菜地看顾一下，享受田园生活的乐趣。

我家邻居张伯，退休后老俩口就搬来与两个儿子住在一个小区。空闲时间多了，特别想自己种点菜，一方面因为对市场上的菜不放心，另一方面也希望享受久违的田野乐趣。一年前，他一听说附近有农场可以租地种菜，便赶紧订下两块，种上了青菜、西葫芦、黄瓜、番茄、茄子、辣椒、秋葵等蔬菜。这一年，几次碰到他，都是一大早兴冲冲地奔去菜地。他说自己每 3 天就跑一趟，好多事要忙活，松土、施肥、浇水、割菜摘果……两块地的出品供应老俩口和两个儿子三家人吃足够了，还经常有多，送人。张伯的菜虽然卖相没有市场上的好看，但口感不一样，既新鲜好吃又让人放心。

不一样的归田园居

一个穷孩子，幼年丧父，和爷爷奶奶一起生活。爷爷去世，家里没了经济来源，迫于生计，孩子 14 岁便辍学出门打工。要强、能吃苦的性格让她迅速在陌生的城市学得一技之长，有能力养活自己和家乡的奶奶。糊口之余她还曾多次与朋友一起尝试创业，希望尽可能改善农村家中的生活条件。

2012 年，她 22 岁，奶奶重病，她决定抛下城里所有回到农村老家，陪伴老人安享晚年。与此同时，她经营着自己的淘宝店，用学到的专业知识拍视频为自己的店做宣传，没想到，店铺没做起来，视频却火了。

她用视频为大家营造了一种“仙界农村”生活。在视频里，长相甜美文静的她穿着古装，却干着多数城市人都拿不下的农活、手工活。农村在她手里成为生态宝藏地，涉及衣食住行的方方面面，经由她的发现和创造，不仅自给自足，还都呈现出一派理想田园生活的样貌。

用传统古朴炊具农具，从田里采摘时令蔬果，做出一道道色香味俱全的美食。她做麻婆豆腐，会拉磨磨豆子、压豆腐；她吃酸辣粉，又挖来红薯洗淀粉、做粉丝。她穿的连衣裙，用葡萄皮染色的；她用的胭脂，采鲜花制的; 她还能搞土建，拉来木头拉锯打桩，搭起秋千，盖上凉棚; 弄点黄泥，她又造起面包窑来。在视频里，就没有她做不到的事。

“大自然的东西真的是最好的，李子柒动手能力太强了。”不少网友在看完视频后这样感叹。

对，她就是李子柒，“90后”，2017年她的视频全网播放量高达30亿，完全当得起“年度第一网红”。

在美妆测评、搞笑段子扎堆的网红视频中，李子柒的仙界农村显得既特别又难能可贵。尽管质疑她各种造假的声音至今未断，但她视频中呈现的大自然之美，以及她善于发现并创造这种美的态度，仍然俘获了很多人的心，尤其是满足了许多城市人对美好田园生活的向往。

其实，早在1600多年前，就有人用诗来描绘这种田园生活了。至今人们关于田园意境的想象或参照都绕不开他的作品。一句“采菊东篱下，悠然见南山”，实景虚境、诗情画意已然将田园生活说尽。

只是，陶渊明自己的田园生活过得并不顺利。如果将他的状况拍成视频放到现在，估计点击量堪忧。这么说吧，辞官回乡的22年，陶渊明的田园生活只能用“贫困”二字形容。41岁那年，陶渊明辞官携妻子回到家乡江西，开始了“躬耕自资”的生活。刚开始，生活还行。“方宅十余亩，草屋八九间，榆柳荫后檐，桃李满堂前。”陶渊明爱菊，宅边遍植菊花。“采菊”一诗便写于此时。

中途有一年，住地失火，被迫搬家，生活开始时好时坏。碰上丰收，还可以“欢会酌春酒，摘我园中蔬”。如遇灾年，则“夏日抱长饥，寒夜列被眠”。“种豆南山下，草盛豆苗稀。晨兴理荒秽，带月荷锄归”，那个年代的农民，即便日出而作日落而息也只能勉强维持温饱，更何况陶渊明本是一介书生，对农事并不擅长。

到了晚年，他生活愈来愈贫困，尽管有朋友偶尔接济，终归还是饥病交迫过世。

但是，细想一下，不得不佩服陶渊明内心的强大，要知道在最困难的时候，他是有出山做官改善生活的机会的，但他拒绝了，除了不齿于官场的混乱黑暗，更有一份对信念的坚守。

他生性热爱自然，不喜拘束，即便贫困潦倒，也始终不放弃对田园生活的赞美和拥抱。他用诗歌为田园生活赋予了更深刻的意义，那就是“人的觉醒”，人不光要有物质生活，精神生活也非常重要。人永远需要来自灵魂深处的自由与舒展。

乡村是奢侈品

林语堂说过，“世界大同的理想生活，就是住在英国的乡村，屋子里装着美国的水电煤气管子，请个中国厨子，娶个日本太太，再找个法国情人”。用现在流行的话说，英国乡村的田园生活是理想生活的刚需标配。

乡居，也是所有英国人的梦想。英国人就坚持认为，“英国的灵魂在乡村”。“真正的英国人就是乡下人，这话一点不假，越是有钱有势，越是受过传统教育的英国人，越会以此为荣。”一位英国记者这样说。一些世袭贵族的子女，童年几乎都在自家的乡间大庄园或古堡里度过。以女王为代表的温莎家族就是典型的英格兰乡村贵族。

英国的乡村，有教堂、旅店、酒馆，还有许多餐厅、茶室和商店，房屋大多数都是石头建筑。这里不但天气怡人，生活舒适，就连教育环境都比城里更好。英国人有了钱，首先会到城市附近的村镇投资，构筑属于自己的小天地，享受悠闲生活。

如今，科茨沃尔德地区是英国乡村的代表。古树、小河、老屋、未经硬化的道路、小院、瓜果、鲜花、草地，形成了标准的英国乡村风貌。房前屋后的小院，既是菜地、也是花园，村外就是牧场。牧草以本地品种为主，人工有限、养护粗放，大多牧场都有土地主人自设的地下供水系统。村庄建造依据就地取材、因地制宜的原则。动植物保护、资源分类、水处理并非原始状态，而是形成一套运转系统，并且仍在不断改良进化。

曾经深受工业化污染、环境恶化、雾霾之害的英国，经过几代人的努力，如今已全面修复青山绿水。陈义海在《吹拂英伦的海风》中说到，作为一个老牌工业化国家，英国用它纯正的自然证明，它更像个农业国家。他们的农业、农村不仅没有“消灭”，反而保留了更多更美的乡村，乃至成为其国家标签、文化标志。乡村是奢侈品，在这里已是事实。

[参考资料：《古旧与自然——英国乡村对中国乡村振兴的启示》(文/曾鸣)]

劳作

劈柴

劈柴，是蘑菇屋里最经典的农活之一，堪称 VVVIP 级别体验。这项劳作通常由“柴务总监”大华承包，那么多期节目下来，他早已练得炉火纯青，并频频带徒。彭彭就是在大华哥的言传身教下，才一步步锻炼成为新生代少年斧王。看上去劈柴很简单，其实没练到手酸脚软，也是很难掌握到其中诀窍。许多嘉宾都爱亲身尝试，比如自信满满摆出十足架势的张杰，也着实流了不少汗、经历不少失误，才劈中柴火。

【劈柴宝典】 首先把较长的圆木用锯子锯成合适的长短。然后把木头竖起来，看清楚木头纹理的方向。劈柴看似简单，但要做到心平气和，手眼一致。斧子要握牢，关节要放松，气息要匀。要顺着木纹劈，下斧子的点要看准。下斧要果断，掌握自己的节奏，会提高工作效率。如果木头上有结节，注意避开，一是不容易劈开，二是容易把斧子卡住。

游戏

一起去看双彩虹、一起去看流星雨

乡村夜晚，夜凉如水。大家忙了一天，一起躺在小院的凉床上守候流星雨。很久没有心无旁骛地仰望星空，太久没有看过被星星填满的璀璨，一众人沉浸在美好的气氛中。夜深了，只剩大华和董子健继续坚守。突然，大华叫了一声，董子健也从凉床上弹起与他一起手舞足蹈，原来他们同时看到了一闪而过的流星。就像两份幸运的叠加，两个人的缘分在那个瞬间激增出某种神奇的默契。

蘑菇屋连着两次出现彩虹。都是傍晚时分，雨过天开之时。两次都是何老师第一个发现，叫出屋里的嘉宾一起欣赏。大家的

反应也很一致，惊喜、尖叫，年纪小的沈月甚至激动地跳起来，陈都灵的耳朵都红了，一向淡定的黄老师也没忍住大喊。最搞笑的是，第二次看到彩虹时，大华一脸不相信地问何老师，这不会是假的吧，难道是节目组的特效吗？

人们对流星雨和彩虹总有美好的期许，或祝福或幸运。正如何老师的总结：有时候我们喜欢一个人，就会说我摘月亮给你或者说我在天空上给你画一道彩虹，有的时候你幸运的话你就能遇到，就好像是一个美好的祝福！

去田园秘境，过向往生活

文 / 林葭

寻常院落，田园为邻，花鸟为伴，既有“谈笑有鸿儒，往来无白丁”的热闹，也有“有约不来过夜半，闲敲棋子落灯花”的宁静。春来“梨花满地不开门”，冬有“绿蚁新醅酒，红泥小火炉”。无论古今，田园牧歌始终是中国人心中的情结。

对现代人来说，农夫（妇）、山泉、有点田是一种奢望，有勇气逃离都市只是少数人。在假期觅一处秘境，早晨睡到自然醒，在风铃铃铛中开始一天的云淡风轻，漫步陌生小巷里探访风土人情，傍晚收起在阳光下晒了一天的衣服，吃一顿味道妥帖的家常菜，饮酒品茗，和老友闲聊看孩童嬉戏，这已是我们向往的生活。

密云：京郊万能的存在

在京郊，密云是一个万能的存在，亦柔亦刚，可娟秀可粗犷。春可赏杏花遍野，秋可观层林尽染，夏在星河下露营，冬可看漫天飞雪。

如果你迷恋江南水乡的温婉，去密云吧。古朴的古北水镇、安静的北台村、山水画卷般的密云北庄，不是江南，胜似江南。

当你嘴巴馋了想吃鲜美湖鲜，去密云吧。渔街上大大小小的餐厅有十几家，家家都有鲜活的水库鱼，或是石锅、或是红烧、或是乱炖，大快朵颐。

想要追寻历史的厚重，去密云吧。蟠龙山长城、五座楼、古北口长城、司马台长城，一段段古长城，矗立山头，无声诉说往昔峥嵘。

厌倦石屎森林的冰冷怀念自然的淳朴，去密云吧。登上云峰山顶远眺燕山明珠，一碧万顷，烟波浩淼，豁然开朗，心境澄明。

古丈：来做一回真正的茶农吧

没有耸峙的雪山，没有壮阔的江河，没有温婉的小桥流水，但这里有自早奥陶纪留存下来的红石林，姹紫嫣红变幻无穷；这里的坐龙峡集峡谷森林、溪涧瀑布于一体；这里的栖凤湖青山如屏，水平似镜；这里有延绵成片的茶园，隐逸于湘西茫茫十万群山之中。

古丈，一座建在茶山上的小城，无论推开哪扇窗户，都可见苍翠茶山，无论走在哪条街巷，都可闻到幽幽茶香。

在春天里，去古丈当一名茶农，和土家苗家阿姐们背着竹篓、挎着竹篮采茶去，看满山碧绿从脚下蔓延到天边；采下茶青后，随茶农争分夺秒杀青、揉捻、烘焙，保留住茶叶最鲜爽的香气滋味，在反复的“理、拉、搓”中，感受一杯茶的来之不易；炒完当天最后一锅茶，月已中天，就着腊肉、腌酸鱼，听着傩戏，喝一碗当地米酒，倒头大睡。明天，又是做茶的一天。

凤羽：洱海源头的明珠

洱海之源，点苍山云弄峰背后，白族小镇凤羽在这里世代相承。每年仲秋，候鸟云集小镇西边罗坪山主峰凤翔峰。当年徐霞客路经凤羽，写下“凤毂于此，百鸟集吊，羽化而成”。如今，凤羽还留存着明清以来的628座典型白族民居院落，“三坊一照壁”“四合五天井”“走马转角楼”等白族传统建筑形式都能够在凤羽领略到。

每年二月中旬到三月上旬，凤羽油菜花开。若只想安静过上几天田园生活，可选择避开这个时段，毕竟没有油菜花的凤羽一样耐人寻味。和坐在老屋门口的缝纫机前，专心缝制传统白族服饰的老人聊天；尝一尝小白糖、杨梅酱、糯米血肠、酸肝；听当地人唱“板凳戏”和“吹吹腔”，跳“耍鹤舞”；登上凤翔山，眺望壮美的凤羽坝子。别忘了，临走时，捎上凤羽菜籽油。

桐庐：江南水乡中的隐世桃源

范仲淹感慨于这片土地的奇山异水，赞之为“潇洒桐庐”，在他笔下，桐庐“春山半是茶”和“家家竹隐泉”，这里“千家起画楼”，人们“生闲性亦灵”。所以桐庐的美不仅在山水，还存于那些千百年留下的古村落里，合岭就是其中之一。合岭村所在的旧县早在唐朝贞观年间就成为桐庐县治所在地，前后长达百年。元代书画大家黄公望还将此地景色落笔而成传世名作《富春山居图》的姊妹篇《富春大岭图》。

合岭蘑菇屋，是漫步桐庐的惊喜彩蛋，特别在雨后彩虹呈现或夕阳斜照之下。这一片现实里的世外桃源，远离城市拥挤喧闹——春赏百亩杜鹃，夏听蛙鸣蝉叫，秋望星空灿灿，冬享围炉暖暖。《向往的生活》拍摄之后，经过精心改造，这里已变身精致民宿，原汁原味还原着节目嘉宾的向往生活，成了节目线下的唯一体验点。若到此处，完全可以亲尝劳作与收获的欢愉，亦能感受风吹竹林并煮酒烹茶之美妙。村里的原住民更是热情好客，家家做得一手地道好吃的桐庐菜，只等着旅人们的到来。

《富春大岭图》，黄公望绘。

向往金曲

《走在乡间的小路上》

词曲：叶佳修

在乡间的小路上 / 暮归的老牛是我同伴 / 蓝天配朵夕阳在胸膛 / 缤纷的云彩是晚霞的衣裳 / 把锄头在肩上 / 牧童的歌声在荡漾 / 喔喔喔喔他们唱 / 还有一支短笛也在吹响 / 笑意写在脸 / 哼一曲乡居小唱 / 任思绪在晚风中飞扬 / 多少落寞惆怅 / 都随晚风飘散 / 遗忘在乡间的小上……

CHAPTERS 8

随性 de 味道

水彩画 / 李月香

小炒黄牛肉

客　人：孙莉、吴彼、赵焌妍、陈明昊、李晏、吴静一、焦阳、蔡鹭、张露、周岚、赵晓苏、周鑫彤
主　厨：黄磊
食　材：黄牛肉、朝天椒、大蒜子、大蒜叶、生抽、盐、菜籽油等
做　法：
1. 将牛肉切片，朝天椒切圈，大蒜叶切段，大蒜子拍破；
2. 将牛肉片用生抽、盐等一起拌匀，腌制3分钟，使牛肉入味饱满；
3. 净锅上火，放入菜籽油，再放入朝天椒炒出香味，然后放入拍好的大蒜子，炒熟；
4. 放入拌好的牛肉，大火爆炒；
5. 放入切好的大蒜叶，即可出锅装盘。

随性的味道

文 / 彭军燕

我愿意深深地扎入生活，吮尽生活的骨髓，过得扎实、简单，把一切不属于生活的内容剔除得干净利落，把生活逼到绝处，最基本的形式，简单，简单，再简单。

——梭罗

“刺啦啦”，在刚起的油锅里，黄磊爆香了葱姜蒜，继而鲜嫩的黄牛肉快速入锅，一同翻炒，再用料酒调味提香，顺手加入蘑菇屋自制的剁椒，撒上辛香的蒜末……黄老师娴熟自如地挥勺翻炒，一旁还有来自夫人孙莉欣羡的目光。

《向往的生活》里这一幕，做的是小炒黄牛肉，一道虽说平常，却也在家难得能做好的湘式料理，食材由嘉宾从长沙炊烟时代特地带来。这款代表湘菜据说还曾登上过联合国的宴会餐桌，但在黄老师的烹制过程里，却充满了洒脱随性的意味。还未装盘，浓郁的鲜、香、辣就早已勾得大家垂涎欲滴，一上餐桌更是不负众望，众嘉宾食指大动、瞬间扫盘。

随性指依随自己的心情，不迎合、不造作，按照自己的所思所想行事。现代人，在繁华如斯的都市中，过着公式化的生活，常常身不由己地逼迫自己，被房贷、车贷、游学费、限量版名包和老板的脸色压抑着。

此时，我们需要随性一点，摒弃那些所谓的潮流、规矩、明规则和潜规则，从模式化的生活里跳出来，体验一下规律之外、不一样的生活方式。

人非顽石，“随性”本就是人之常情，在适当的时候，顺应本心，通过随性而为重新审视自己、审视生活，这样就不会被固定模式所拘，走进死胡同，反而会给生活带来诸多情趣和可能性。

著名作家贾平凹曾说：“人可以无知，但不可以无趣。”可见情致对人的重要性，而随性又是获得情致的重要渠道。因为随性本身就是一种“自幽默”，通过自创的幽默行为，给生活平添些许情趣，给人生绘一道即兴风景。

随性特征一：率真

随性的“性”，指的是人流露出的真性情，外在表现为“率真” 。人随性而为的都是自己的真性情，真的东西看上去直率、坦诚、单纯，让人的心更干净、更有归属感。

卢梭曾说过：只有骨子里深藏的率真，才能成就如同幽谷中的兰花一样芳馨纯洁的气质。的确，真的东西总让人有种“可贵”的感觉，就如虚伪是人内心卑微的表现一样。

随性而率真的人活得更有风采。娱乐圈，活得随性的明星也更有人气。被称为“最容易被偶遇的明星”林更新近年来大火，出名后依然活得随性自我，经常穿着便服逛超市，站在街边吃烤肠，窝在网吧打游戏、吃辣条，在路边的娃娃机里抓公仔……丝毫没有偶像范儿。

还有“国民甜心”赵丽颖，与大多数女明星动辄几十，甚至上百个名牌包不同，赵丽颖的日常穿着很随性，经常去打折店买衣服，被粉丝偷拍也毫不在意，真性情一览无遗。

“网红收割机”王思聪，身为巨富王健林的儿子，穿着也一向随性，任何场合几乎都是白色 T 恤、黑色休闲裤和休闲鞋。除了穿着，他的行为也很随性。2018 年 11 月，王思聪带着自己的 IG 电竞团队，参加英雄联盟 S8 国际比赛。观看比赛时，他穿着一件军绿色棉大衣，大口吃着热狗，形象和百亿身价相去甚远。

随性特征二：浪漫情怀

纵观古往今来的随性人士，无论是才子雅士、皇室贵胄还是草根阶层，不同的是随性的行为，相同的是内心的浪漫情怀。只有内心浪漫的人，才能将随性演绎得洒脱自然。

说到洒脱，非北宋文学大家苏东坡莫属。林语堂评价苏东坡说：“一个无可救药的乐天派、一个伟大的人道主义者、大文豪、大书法家、创新的画家、造酒试验家……”除了文学和书画方面的非凡造诣，苏东坡对生活充满了永不衰减的热情和创造力，堪称是不折不扣的随性生活家。

日常生活中，苏东坡像个老顽童：与挚友佛印坐禅神侃，亦庄亦谐；与苏小妹嬉笑嗔骂，其乐融融；炎炎夏日，在清澈的小溪里泡脚；夜深人静时，点着蜡烛观赏海棠；自己动手酿造高粱酒，邀好友共饮；喜欢美食，创造出肥而不腻的“秘制东坡肉”……

苏东坡的浪漫深入骨髓，即便是在困境中也依然故我。苏东坡 43 岁时，因乌台诗案被贬到黄州，住在江边一间简陋的房子里，生活窘迫，自己种菜，还经常挖野菜食用。他吃野菜，吃得潇洒而旷达，不用蘸酱，白水焯下即可，追崇食物原本的天然味道。

不止古人，现代人里也不乏随性浪漫者，娱乐圈公认的才女——徐静蕾就是其中之一。徐静蕾的人生充满了随性：不想演戏了就做导演，结果成为国内第一个票房过亿的女导演；随意开了博客，结果成为第一个登上博客搜索引擎榜首的中文博客；不想结婚，于是和男朋友黄立行无限期同居；39 岁时，为了不想让自己以后留有遗憾，在国外冷冻了卵子；2016 年化身裁缝，周旋于布料与服装之间，一年后将作品进行义卖，所得款项捐给了关怀抗战老兵公益项目。

随性特征三：执著

随性的人表面上随意、不羁，骨子里却坚守着一份独属于自己的执著。这种执著源自内心深处对随意这种生活方式的认可和欣赏。

所谓随意的生活方式，真意是按着自己想要的方式来生活。对忙碌的现代人而言，理想的生活有时是件奢侈的事。这里的奢侈与金钱无关，是“理想主义”的那种奢侈。

很多时候，人们在追求理想时会遇到各种阻碍和波折，这时他们需要以一种执著的态度来对抗和消解波折，来维护和恪守住一颗“随性”的心。

这种执著，只有在人随性而为时，才能焕发出迷人的光彩。很多随性生活家，无论身处何境，都能固守着一颗随性的心，逍遥而超逸地生活。

丹青圣手张大千，其书画方面的造诣人尽皆知，殊不知他还是美食大家兼烹饪高手。张大千是四川人，偏爱麻辣醇香的菜肴，经常亲自下厨，调料也多自制，比如干辣椒面，一定要自炕、自舂。

即便是身处贫瘠落后的敦煌，张大千也能随性而为，把漫漫黄沙中的日子过得有滋有味。

民国三十年，张大千携全家到敦煌描绘壁画，一待就是两年多。其间，他在敦煌石窟中发明了许多运用当地食材烹饪的菜肴，比如榆钱炒蛋、嫩苜蓿炒鸡片、鲜蘑菇炖羊杂、鸡丝枣泥山药。

鲜蘑菇炖羊杂里的蘑菇，是张大千在沙漠里采的鲜蘑菇。据说张大千的住处附近有一片杨树林，每年七月杨树下都会长出蘑菇，每天可摘一盘。张大千离开敦煌时，还特意画了一张野蘑菇生长地点图，送给了后来到任敦煌艺术研究所所长的常书鸿。

地图上，张大千详细地标明了野蘑菇的采摘路线和采摘时间，还标明了哪一处的蘑菇长得最好、口味最佳。张大千对随性生活的执著可见一斑。

随性特征四：顺其自然

很多人把随性单一地理解成随着本心，其实，顺其自然也是一种随性，一种不强求、不踌躇，包容而闲适的随性。

每个人都有独立的个性和精神，面对生活中的纷繁芜杂，顺其自然才能不受困于外界，才能放下烦恼，以豁达的心态追随本心。

随性生活讲求的就是按照自己的方式，无碍其他人，不必为讨好任何人去改变，不必在乎任何人的议论和嘲讽，顺其自然做自己。

正如明代著名思想家、文学家和哲学家王阳明的“有根方生，无根便死”理论一样。随性就是顺其自然地生活，而不是刻意地追求一种另类的生活。

王阳明出身书香世家，虽自幼熟读经书，但却两次科举落选，深受打击。痛定思痛后，他发觉自己违背了一些自然的章法，用力过猛，适得其反。自此，他开始顺应自己的内心，不断地做减法，背负的东西越来越少，内心的修为却越来越强，终成一代大家。

美国作家梭罗也是通过“顺其自然”的方法，随性地在自然安谧中找到了本真的生活方式。

梭罗曾远离尘嚣，在瓦尔登湖畔隐居两年多，他花费 28 美元，自己动手搭建了一座小木屋，并在小屋旁开荒种地，自给自足，用收获的果实填饱肚子以及贴补家用。为了节省开支，他给当地农民打零工，以换取少许的生活用品。他还与自然交朋友，与湖水、森林和飞鸟对话，在森林里观察动物和植物，在小船上吹笛，在湖边钓鱼，晚上在小木屋里记下自己的观察和思考。

如果一个人一生活到 100 岁，也就是 36500 天的日子。从出生的那一天起，就进入生命的倒计时，每一天都弥足珍贵，何必一直负重前行？适当的时候，让自己随性一下，拓展一下生命的维度，你会发现：生活随性而为，日子随遇则安，才是人生最美的境界。

劳作

买菜

哪些菜正当季？本地菜心和云南菜心有什么区别？为什么都是鸡肉，口感差别这么大？明明在档口还活蹦乱跳的鱼，买回家就静若处子了？买菜有学问，妈妈们没有书可看，凭的全是经年累月的江湖经验。看她们走进菜市场一副天下我有的笃定，眼看鼻嗅手掐，问价砍价货比三家，谈笑间搞定付款：三块三啊？来，给你三块，别忘了给我把葱哈！

揸琴

在自己的偶像面前拉琴，与大师一起合奏，对于小提琴爱好者来说，无疑是有一无二的机会。这就难怪，当得知黄老师请来了自己的好友、华人小提琴大师吕思清时，王迅和刘宪华都坐不住了。原来，王迅 5 岁学习小提琴，之后放弃但一直保有热爱，吕思清在他心目中是最厉害的偶像。刘宪华从小在加拿大长大，应该是第一次知道吕思清。当听到黄老师介绍吕思清是中国最著名的小提琴家同时也是《梁祝》最权威的诠释者，又看到他用的琴是意大利制琴大师斯特拉迪瓦里制作的“克莉斯比小姐”小提琴（这把琴制作于 1699 年，由澳大利亚华裔慈善家李大伟先生特别提供），好歹也是小提琴十级水平的大华，全程都是高山仰止的表情。最受益的当然是围观群众了。听了大师高水准的现场演奏，看了王迅几十年没碰琴也能拉出童子功的样子，又欣赏了大华与吕思清的友情合奏。这次揸琴更像是一场大师与粉丝的互动实况，让人想到教师黑板上方的常用标语——团结紧张，严肃活泼。

SAINTHOOD

凝望式崇拜

盘点古代十大任性生活家，比城里人会玩多了

文 / 林葭

看完我只想跟他们一起玩。

1 苏东坡

林语堂用耶稣的话评价他：具有蟒蛇的智慧，兼有鸽子的温厚敦柔。他 20 岁上京考试，主考官是文坛大咖欧阳修，看到他卷子激动得不行；他发明了流传至今的“东坡肉”，赋诗《猪肉颂》；他朋友遍天下，“上可陪玉皇大帝，下可以陪卑田院乞儿，眼前见天下无一不好人”；他受百姓爱戴，也树敌一大堆；他做官 40 年，有 33 年是在被贬谪被流放的风雨中度过，他说“竹杖芒鞋轻胜马，谁怕，一蓑烟雨任平生”。

2 竹林七贤

魏晋多名士，又以竹林七贤为最。他们饮酒、服药、行散、清谈、弹琴、长啸、吹箫、锻造、行文作诗。阮籍爱翻“青白眼”，临刑前一曲《广陵散》空前绝后；

刘伶喝起酒来以天地为房屋，以房屋为裤子，恣意忘形；嵇康、向秀打铁自娱，嵇康掌锤，向秀鼓风，旁若无人、自得其乐——时局混乱，生命无常，报国无门的名士寄情山水，把对现实的关注转移到玄远哲理上，活得有趣活出真我。

3 宋徽宗

他爱画画，专门组了个宫廷画队，最牛的还是他自己，山水、人物、花鸟无所不精，尤以花鸟为人称道；他爱书法，独创瘦金体，前无古人后无来者；他爱收藏，广收历代书画、青铜器和瓷器，编写成《宣和书谱》《宣和书画》和《宣和博古图》；他爱品茶，一篇《大观茶论》洋洋洒洒 3000 字把茶写透——除了不会当皇帝，别的他都会。

4 陶渊明

民宿鼻祖陶渊明“质性自然”，他在官场浮沉，不能为五斗米而折腰，不能为取悦督邮着华服，四次辞官，归隐田园。他“结庐在人境”，并“晨兴理荒秽，带月荷锄归”，向往“黄发垂髫，怡然自乐”的桃花源。有人说他逃避，其实他是一个积极的生活家，热爱自然、热爱现世。

5 袁宏道

袁宏道爱花成癖，他翻山越岭探寻奇花异草，“皮肤皴鳞，污垢如泥”不止不弃。花将开时，他睡卧花下，从未开、初开、盛开到花落、枯萎成泥，才肯离去。他甚至能“视叶而知花之大小，见根而辨色之红白”。爱花爱到不计寒暑、伴生伴灭，写下《瓶史》一书，论述花瓶、瓶花及插法，催生出日本花道的一个派别——宏道流。

6 陈芸

沈复之妻，《浮生六记》的女主角陈芸，一生向往“若布衣暖，菜饭饱，一室雍雍，优游泉石，如沧浪亭、萧爽楼之处境，真成烟火神仙矣”。可女扮男装陪丈夫出游，也体贴丈夫养家无能只求“他年当与君卜筑于此，买绕屋菜园十亩，课仆妪，植瓜蔬，以供薪水。君画我绣，以为持酒之需。布衣菜饭，可乐终身，不必作远游计也”。

7 金圣叹

搞文学批评出身的金圣叹就是一逗逼，年轻时参加科举，考试的题目是“如此则安之动心否乎”，他在试卷上写：黄金万两、有美一人，夫子动心乎？接着写下 39 个“动”字，因孟子说“四十不动心”，所以四十之前都会动心啊。53 岁时因“哭庙案”被诛，临刑前叫来狱卒说有要事相告，狱卒以为他会透露什么“临终要事”，岂料他指着饭菜说：“花生米与豆干同嚼，大有核桃之滋味。得此一技传矣，死而无憾也！”

8 李渔

他倡编《芥子园画谱》，留下《笠翁对韵》，他既写《肉蒲团》也写《闲情偶寄》。在李渔的著作中，有一个重要部分专门研究生活的乐趣，从住宅与庭园、屋内装饰、界壁分隔到妇女的梳妆、美容、施粉黛、烹调的艺术和美食的导引，富人穷人寻求乐趣的方法，一年四季消愁解闷的途径——堪称明末清初的生活方式意见领袖。

9 袁枚

清朝才子袁枚一生好文、好园、好藏、好色、好游，尤其好吃，他遍集 326 道南北菜肴，编辑成册，命名为《随园食单》。分为须知单、戒单、海鲜单、江鲜单、特牲单、杂牲单、羽族单、水族有鳞单、水族无鳞单、杂素单、小菜单、点心单、饭粥单和菜酒单十四个方面，是提升吃货自我修养的百科全书。然而，袁枚本人却不会做菜。

10 韩熙载

韩熙载并非韩国欧巴，他是五代十国南唐名臣，精音律善书画，中国十大传世名画之一《韩熙载夜宴图》的主人公。韩熙载喜欢对花焚香，深谙焚香之道，曾说："花宜香，故对花焚香，有风味相和，其妙不可言者。木犀宜龙脑，酴醾宜沉水，兰宜四绝，含笑宜麝，薝卜宜檀。"

（清）华胥、袁枚《退思图卷》手卷局部。

回忆有笑有泪，人生才会是彩色的。

年少轻狂随岁月褪去，

通过实在的努力，获得实在的成就感。

有时候放弃也是一门学问，不见得所有的放弃都是坏

当你疲惫于生活的琐碎与忙碌，总有人记挂着你，并
你送上温暖的祝福。

美好的心意是世上最美的东西。

所有的路都要我们独自走完。

从瘦弱的小苗，长成茂盛的玉米“森林”。一望无际的玉
地里，一腔热血，一路艰辛，一起坚持，一起温暖，一起协
收获欢笑，收获食物，痛并快乐着，成就了今日的丰收。

向往的生活

BACK TO FIELD

向往金句 · 关于生活

虽然通讯方式简单，但手写的从前仍让人怀念。

活的真谛因时间的积累而看清。

人最幸福的，不是拥有一切，
而是你可以很从容地去安排自己想要做的事情。

有时候，有些事，换一个方式可能做得更好。

人应该活在自己的时代，不需要去追别人的新。你跟自己的时代共处就好了。

人生很有意思，要享受它，感受它。

看见什么，取决于你站在哪儿。

我们只顾前行或低头，但也要抬头看看璀璨的星空。

在一起经历过，就是美好。

向往专访

漫画 / 李雄飞

彭昱畅
自然真实 自带真诚

文 / 白莉莉

录完《向往的生活》后，彭昱畅彻底“膨胀”了。他和何炅在某次饭桌上的对话，把这种“膨胀感”诠释得淋漓尽致——

何炅：“彭彭，你慢点吃啊。”

彭昱畅：“我才第三碗呢。”

有人这样总结彭昱畅在蘑菇屋的表现：在打碎小鲜肉既定模板后，他已经彻底把所谓的“偶像包袱值”降低到零以下。

也有人贴出前后对比图，并肯定彭昱畅在节目中，或者更精确地说是在饭桌上的“超自然发挥”：“这才是一个长身体的男孩该有的食量。”

蘑菇屋里向往的生活让彭昱畅身形“膨胀”，但他自认为不是个膨胀的人。“我不敢膨胀，我甚至还有点儿自卑，因为我觉得自己技不如人，长得一般，全靠运气强撑。”

他自认为“有点丑”。加入蘑菇屋团队前，他被导演问到“觉得节目中为什么请你”时，他脱口而出的是“丑？还是别的什么？”末了，又给自己肆意“补刀”：“我除了干体力活，还能干什么呢？”

这也难怪何炅会忍不住调侃他：“第一次见到他，我还以为是送快递的。”

我们也能在蘑菇屋里看到这个“平凡到尘埃”的男孩插秧、挖笋、捕鱼、采蜂蜜。采蜂蜜时，他被蜜蜂蛰了腿，但害怕耽误团队生产进度，坚持继续采完再处理伤口，导演组说蛰一次10块钱，同时用“远程申请工伤赔偿”来打趣：“我觉得可以多蛰几次，这也是生财之道。”

这个本科学木偶表演专业的演员，透过木偶的动与静，看到了生命的动与静。“木偶本身是没有生命的，但通过我们的表演，可以让它的生命力展现出来。”但他不希望自己拥有的是一种木偶式的表演技能。“我演戏就是为了等自己老了，到当爷爷的时候，也可以特自豪地跟孙辈说，爷爷年轻的时候演过某某电影，最好还能得个最佳男主角什么的。”

也难怪会有人调侃，黄磊善烹饪，何炅善交际，大华善活跃气氛，彭昱畅呢？彭昱畅就是这出《向往的生活》的男主角：他负责胡吃海喝，负责花式插秧，负责挖笋捞鱼，负责传递出乡村的那份“真”。那些自然生长的男孩和女孩们，不需要刻意打造人设，也无需费劲迎合粉丝，因为他们在日常生活里的一举一动，一颦一笑，都自带流量。

“我希望观众看到大笑的我、能吃的我、干活的我……”

问：你在节目里表现出的一大特点就是爱笑，平时遇到哪些事情会触发你的笑点？你承认自己笑点低吗？

彭昱畅：我从小到大都挺爱笑的，平时大家说的很多话，做的很多事，都会不经意触动我的笑点，因为我是一个很容易被气氛感染的人。

我也喜欢大家和我一起分享快乐，这样我会觉得很开心、很放松，而且多笑笑对身体好！

问：录了这么多期节目，你从做客的嘉宾身上都学到了哪些不同的东西？

彭昱畅：每位老师都有值得我学习的地方，大家都很热情、很善良，他们对待自己的专业都有认真的态度。

在蘑菇屋里，每个人对待和感知生活的方式都是不同的，每个人的阅历都不尽相同，这给每个人都带来了不同的人生经验，但在《向往的生活》里，大家都毫不吝啬地与我们分享。

生活本身就是一门艺术，是要通过不断积累才能更加闪闪发光的。

问：黄磊老师说他在田园生活里感受到时间变慢了，你有这样的感觉吗？

彭昱畅：真的啊，我在蘑菇屋待的时候，真的感觉时间变慢了，我们在城市中习惯了快节奏的生活，感觉每天时间都不够用，但是在蘑菇屋里，我们没有那么多分散注意力的事情，所有人的目标，就是为下一顿吃什么而努力，不管是犁地也好，砍柴也好，做饭也好，这些过程都会让时间变得充实而又饱满。

哪怕我们只是坐蘑菇屋外面的院子里聊聊天，吹吹牛，那一刻也会让我们感到，其实大家都是没有烦恼的，吹着风，喝着茶，仿佛都能触摸到山里的一草一木，这些都让我觉得很惬意，我很享受这种生活。

问：你曾说过，如果觉得你演技不好，别人可以背地里或者私下跟你说，但你不希望有人当面告诉你。你觉得自己足够自信吗？你有没有自卑的时候呢？

彭昱畅：我这个人还挺在乎别人对我的看法的，想让自己做得更好，但是相比别人说我演戏上有哪些问题，我更怕有人说我不够努力，不够认真，因为你只有知道了自己有哪些问题之后去改正，才能不断地进步，但不努力就永远不会进步。

还记得第一次有人说我演戏不好，我当时的感觉就是恨不得找个地缝钻进去。我可能永远都忘不了那一天，那是我第一次拍戏，也是开演的第一天，我还是男一号呢，结果人家说我甩戏了，我就跑去看回放，当时周围围了一群人，我就听见别人说："这个轨道推得很有感情，可戏演得就不怎么样了。"

你知道我当时什么感觉吗？我当时真的尴尬到无地自容，现在回想起来鸡皮疙瘩都掉一地。

但我知道人家说的其实是对的。那天晚上我想了很多，我觉得被人骂不可怕，骂了之后还不改，那才真正可怕。我可能没有别人那么好的禀赋，也没有别人那么多的经验，所以我能做的，只有比别人多看几次剧本，多背几句台词，多琢磨琢磨下面一段戏要怎么演，这样才能让自己做得不那么糟。

好在我遇到这件事的时候，我才刚出道不久，别人评价我演得不好，也算是在给我提醒吧。直到现在，我依然觉得自己还要继续努力，因为演戏是需要一生去探索和钻研的一件事情，我也想要呈现更好的作品给大家。

问：你本科学的是木偶表演专业，这个专业蛮有意思的，对你在演戏时有哪些帮助？

彭昱畅：我学的这个专业对我现在塑造角色很有帮助。

演员在演戏时，是需要赋予所演角色以灵魂的，这样的话，演员演出的东西，展现的情感，观众看了才会觉得有可信度。

我通过木偶表演这个专业，理解了有关角色和灵魂的很多东西，而这个技能也是因为我大学四年里一直在努力学习怎么赋予木偶灵魂。演木偶戏的时候，其实是需要我们更加专注和更加细腻，这样的话，我们才能在一举一动中打动观众。

问：你最希望观众看到你的哪一面？大笑的一面，能吃的一面，还是在乡间努力干活的一面？

彭昱畅：我希望观众看到我的每一面：大笑的我、能吃的我、干活的我、认真演戏的我……为什么呢？因为这些都是真实的我。当然，我也希望除此之外，观众们可以看到我的更多面。

问：你内心最向往的生活是什么？

彭昱畅：我希望等我老了，当爷爷的时候，我可以和我的孙辈一起看我年轻时演过的电影，然后自豪地告诉他们："看，这就是你们爷爷年轻的时候。"我觉得那个场景会很幸福。

CHAPTERS 9

混搭 de 味道

水彩画 / 李月香

佛跳墙

客　人：陈赫
主　厨：黄磊
食　材：鸡肉、生姜、黄酒、鲍鱼、黑木耳、杏鲍菇、虾皮
做　法：

1. 将鸡肉焯水去腥；
2. 放入生姜爆炒鸡块；
3. 加入热水熬制；
4. 将鸡汤盛到煲中继续煨着；
5. 加入黑木耳、杏鲍菇、鲍鱼、虾皮；
6. 倒入黄酒一起煨。

混搭的味道

文 / 彭军燕

生活的美妙就在于它的丰富多彩，要使生活变得有趣，就要不断地充实它。

——高尔基

一只瓷煲咕嘟嘟地冒着气泡，一股浓香四溢开来，陈赫边围着炉灶转悠，边馋涎欲滴地小声嘟囔着：“还要加点……”

大厨黄磊有条不紊地忙活着，不时往煲里添加食材，几个小时后，黄磊舀了勺汤尝了尝，点点头说：“就是这个味。”

这是《向往的生活》里的一集，这集的主打菜是“佛跳墙”。

“佛跳墙”源自福建，相传清道光年间福州的一家菜馆老板将海参、鲍鱼、鱼翅、干贝、鳖裙、鹿筋等几十种食材，配以冬菇、冬笋等多种佐料，一起放入绍兴酒坛，以荷叶封口煨炖数日，食客吃后震惊于此菜丰富的口感，写下了“坛起荤香飘四邻，佛闻弃禅跳墙来”的诗句，自此这道菜被称为“佛跳墙”。

佛跳墙的来源还有另一个版本，那就是费孝通先生的乞丐版本。据费孝通先生考证，佛跳墙的发明者是一群乞丐，这群乞丐每天把讨来的残羹剩饭倒在一起。一天，一位饭铺老板偶然闻到街头飘来的奇香，循香寻去发现破瓦罐中混合在一起的剩菜。这位老板回店后将各种食材杂烩在一起，创造出了佛跳墙。

发展到现在，佛跳墙出了多个版本，无论是最初的顶级高配版，还是黄磊的家庭低配版，做法都是一样的，那就是——“混搭”。

说起饮食里的混搭，比比皆是，比如川菜的代表菜“毛血旺”，粤菜的传统名菜“盆菜”，豫菜里的“大锅菜”，做法都是把各种食材混搭在一起烹制。

不仅中国，国外也不乏各种混搭菜品，比如法国的普罗旺斯烩菜、泰国的红咖喱海鲜杂菜、意大利的开胃杂菜汤、美国的杂菜沙拉等，做法与中国的大同小异，也是将各种食材混合在一起或煨炖或凉拌。

可以说，我们每日的生活都离不开混搭。早上起来，做碗青菜面，随手洒上一撮茴香末或几只海南黄灯笼辣椒，马上给味道叠加了一个层次，再丢进去一根德国香肠和几片法国培根，这碗面瞬间成一碗“跨国混搭烩面”。

无论是麻辣鲜香的毛血旺，还是鲜爽可口的普罗旺斯烩菜，食物并非都有定式，生活也非一成不变，换着花样混搭，将口腹之欲变成一门生活艺术，充满了未知的乐趣，愉悦性情之余，简单的日子也变得丰富多彩起来。

“混搭”无处不在

近年来，随着多元文化和社会的发展，人们的需求越来越广泛化和个性化，为了满足人们日益增长的“花式需求”，混搭现象应运而生。

混搭最初出现在时尚界，是时尚界的专用名词，英文为 Mix and Match，意思是将不同风格、材质和价格的东西按照个人喜好拼凑在一起，混合搭配出完全个人化的风格，简言之就是“不要规规矩矩穿衣”。

混搭的流行要追溯到2001年的日本，彼时日本的时尚杂志《*ZIPPER*》写道：新世纪的全球时尚似乎产生了迷茫，什么是新的趋势？随意配搭成了无师自通的时装潮流。

于是，拼贴、混杂、组合在时尚界大行其道，皮草混搭薄纱、晚装混搭牛仔、男装混搭女装、朋客铁钉混搭洛丽塔长裙……

这些不同材质和风格的元素混搭在一起，创造出令人耳目一新的视觉效果。凭借着这种独特的创新模式，混搭逐渐在巴黎、纽约等国际大都市的时尚圈里占据一席之地，并形成一股风潮流行开来。

时至今日，混搭已突破了时尚的界限，转战至其他领域，比如家居设计、文学创作和艺术等领域，混搭已成为潮流生活的必备元素，并有愈演愈烈之势。

在家居界，混搭以个性化的设计模式和不局限于任何地域、色彩与文化背景的设计理念，将家居拓展至更为广阔的艺术空间。比如一间美式田园风格的卧室里，挂着两幅意境悠远的中国水墨画；在充满地中海风情的客厅里，铺着色彩浓艳的土耳其手工地毯……这种极具跳跃感的设计手法，使生活充满了想象力。

至于文学创作里的混搭，以新奇、古怪、引人入胜为目的。比如张小花的网络异能小说《史上第一混搭》，将修真、穿越、都市、爱情混搭在一起，讲述了主人公穿越后发生的一连串令人忍俊不禁的故事。

在艺术界，混搭现象更是不胜枚举，不同领域的艺术家们将不同材质、形式或媒介的艺术形式混搭在一起，让不同的艺术风格进行对话，创作出独树一帜艺术作品。

艺术领域里，数音乐、建筑、绘画等领域的混搭现象最多。比如音乐，英国女高音歌唱家莎拉·布莱曼用古典音乐的演唱技法演绎流行，这种混搭演唱方式综合了古典与流行的妙处，比流行音乐更内敛，比古典音乐更活泼，带给听众别具风味的聆听体验。

再比如建筑，时下在建筑界，纯粹的法式、哥特式或欧式等风格已稍显局限，越来越多的混搭建筑令人叹为观止。比如法国卢浮宫广场上，建筑大师贝聿铭为博物馆设计的入口，是一座全玻璃现代建筑，与古雅壮观的王宫混搭在一起，相得益彰。

还有绘画，脑洞大开的新生代画家们，将不同的绘画风格混搭在一起，创造出超乎想象的艺术作品。比如美国纽约的艺术家 Aja Trier，将流行元素与荷兰画家梵·高的绘画风格混搭在一起，创作出一系列星空下的超萌小动物画作，给人穿越时空的梦幻感觉。

新时代，混搭本身也在经历着快速的变化，被不断赋予新的含义。在某些层面，来自截然不同的技术和学科的混搭令人瞠目结舌。比如技术混搭，在以色列，有家公司既研究 β 细胞、光纤，也研究黄石国家公园的海藻和治疗糖尿病用的可植入人体的人工胰脏。

除了具象的混搭，生活中还有很多混搭的衍生品。比如人际关系，每个人都有若干个朋友圈，这些朋友圈有的互通、有的独立，因为个人的关系混搭在一起，形成人际关系网。

混搭“三原色”：多元、融合、个性

发展至今，混搭已深入到现代生活的方方面面，并成为潮流生活的必备元素。纵观各个领域的混搭现象，基本具备以下三点：素材多元化、经历过融合、个性化效果。

混搭看似漫不经心，实则出奇制胜，制胜的法宝就是“素材多元化”。任何领域的混搭，素材都要满足两个条件：数量多且风格迥异。

所谓“混”，只有数量达到一定的程度才能“混”起来，寥寥无几的素材想“混”也混不起来。比如近年来时尚界流行的露背街头风，交叉的绑带、铆钉耳环、黑钻高跟鞋、漆皮背包等素材，混搭出充满动态感的街头 Style。

还有就是素材的不同风格。如果是同类素材，即使数量再多，混搭在一起的效果也逃不出单一和乏味，就像一个人穿了几十双白色棉袜，看上去跟穿一双袜子一样，多出的几十双袜子形同于无。

只有素材的风格多元，才能混搭出与众不同的效果。比如近年来在音乐界名声大噪的女子组合——“女子十二乐坊”，其特色是将风格迥异的传统民乐和流行音乐混搭在一起，创作出一种新颖的民乐演绎方式。

再比如 2017 快男全国 300 强选手张鑫磊，用风格截然不同的嘻哈混搭 blues，别出心裁地演唱弥藏的《香泽兰》。

混搭的第二个元素——融合。纵观各领域的混搭，你会发现，虽然混搭是多种元素的共存，但不是乱搭一气，混搭是否成功，关键点是所有素材都要经过交融和合后，才能生成一种全新的风格。

交融的过程中，素材混合在一起，进行交流和较量，分出了主次和轻重，进而形成一个相对统一的“基调”，在此基础上，形成了独属于自己的风格。

比如在服装搭配中，给一件花色衬衫配外套，考虑到颜色之间的过渡和呼应，最好搭配一件与衬衫诸多花色中的一种相近的外套，或者在鞋子、配饰等方面的颜色有所照应，这样就在“混色”中生成了一种主打色。

再比如家居领域里，现代与古典、奢靡与庄重、繁琐与简洁等风格的素材，混搭在一起，经过撞击后达成共识，形成一种独特的风格。

混搭最大的魅力，在于它打破了单一风格的固守性，通过千变万化的组合，生成极富个性化的混搭效果，这也是混搭的第三个原色。

说到个性，首当其冲的便是“混搭女王”Iris Apfel。Iris Apfel 今年 94 岁，早把混搭玩得炉火纯青。每次出场，她的标配都是：夸张的古董项链和手镯，花色大胆且颜色鲜艳的衣着，一副阿拉蕾式的大圆黑框眼镜，典型的 Iris Apfel 式混搭。

Iris Apfel 的名言是“永远只穿成自己喜欢的样子”。基于此，她用于混搭的素材包罗万象，从巴洛克年代的奢华珠宝，到现代跳蚤市场的土炮设计；从维多利亚时代的钻石头饰，到中东小镇无名小店里的杂色绸缎……Iris Apfel 将不同文化、不同时代、不同材质和价格的素材混搭于一身，形成了独树一帜的 Iris Apfel 式风格。

生活中，无论是高贵典雅的欧式风格，还是清新自然的田园风格，似乎都不深得你心。没关系，想摒弃什么就摒弃什么，用那些让你觉得舒服的素材，混搭成你的专属风格。

就像佛跳墙这道菜，依据个人喜好添加食材，最后煨出了一煲“专属佛跳墙”。

劳作

打油菜籽

打油菜籽这个工具还是王迅来后开始启用的。这东西原来叫“连枷”，取一次接一次连续打的意思，四川人也叫 “连盖”，据说是从古代就流传下来的，老百姓用竹子自创自制的传统工具。有了这个工具，感觉满山遍野晒干的菜籽杆没那么让人绝望了。再叫上几个人一起打，总算是有可能完成的任务。

游戏

人狗抢球大战

何老师突发奇想的创意。历届参赛队员：两只小狗 H&Q VS 彭昱畅、刘宪华、李诞、池子、张绍刚等。三届实力抢球王：彭昱畅。终极秘诀：大喊大叫，吓狗为上。搞笑惩罚：输者剃头，李诞“勇”夺。每届比赛气氛热烈难当，裁判才发号令，“看台区”就已笑成一片，有史以来的人狗相争，恐怕都没出现过这么欢乐的画面。何老师的创意，值得狠狠点赞。

脑洞有多大，
混搭就有多精（bei）彩（cui）

文 / 林葭

混搭是一门技艺，脑洞是把双刃剑，当打开无限大的脑洞尽情混搭时，可能收获一股清流，也可能遭遇一场泥石流。

1 提拉米苏 + 橙汁 = 臭袜子？

美食界有一条混搭法则，“A+B=C”，即两种食材同吃，变成了第三种食材的味道。比如，香蕉 + 奶粉 = 冰淇淋、核桃 + 白糖 = 曲奇、炸鱼 + 啤酒 = 生蚝、烧烤味薯片 + 西瓜 = 螃蟹、糖水 + 盐 = 牛奶、雪梨 + 黄瓜 = 香瓜……除了这些让人垂涎欲滴的混搭，当然还有一些食材搭配起来难吃到想哭，比如提拉米苏 + 橙汁 = 臭袜子，炒花生 + 烤红薯 = 厕所，西瓜味口香糖 + 香烟 = 蚊香，试出这些味道的朋友们，你们还好吗？

2 佛寺？教堂？清真寺？

说起混搭，汉口黄浦路上这座建于清光绪三年（1877 年）的古德寺可是个中翘楚。这座占地面积近 3 万平方米的佛寺集大乘、小乘和藏密三大佛教流派于一身，建筑上混合了汉传佛寺、印缅佛寺、哥特式基督教教堂、罗马式天主教教堂、拜占庭式东正教堂、伊斯兰教清真寺等建筑风格，堪称宗教建筑史上的一朵奇葩。

3 酱油是用来蘸水果的

在广东潮汕，生活在那片古老而神秘的土地上的人们热衷拜神，以茶续命，吃水果的时候，他们竟然喜欢蘸酱油！菠萝可以蘸酱油，杨梅可以蘸酱油，芒果可以蘸酱油，连荔枝、李子、番石榴、西瓜、火龙果都通通可以蘸酱油，吃起来别有一番风味。面对外地人天方夜谭般的问号脸，潮汕人操着一口“咸咸”的普通话：好吃——不信你试试看。

4 没有背错，我是在集句诗

“少小离家老大回，安能辨我是雄雌”“但使龙城飞将在，六宫粉黛无颜色”……古诗混搭并不是今天才有，古人早已玩得出神入化，他们管这叫集句诗，王安石、文天祥都是重度爱好者。南朝梁代有个残句“风定花犹落”，长期没人对出，王安石给对了个“鸟鸣山更幽”，意境尽出。文天祥是杜甫的忠实粉丝，喜欢“集杜诗”，“读书破万卷，许身一何愚。赤骥顿长缨，健儿胜腐儒。”每句均出自杜甫不同的诗，生生把杜甫劝世人多读书的本意改成表达弃笔从戎的志向。

5 茶叶混搭，不，是拼配

说起饮品混搭，首当其冲就是鸡尾酒了，然而茶圈里也不乏经典混搭，近年来走俏的小青柑走的就是混搭路线。名人大家里，杨绛曾用“滇红的香、湖红的苦、祁红的色”为钱锺书混搭近似立顿口味的调配茶，而梁实秋则喜欢龙

井 + 香片。其实茶叶混搭由来已久，行话叫拼配。将不同品种、不同火候或不同产地的茶叶根据需求拼配在一起，扬长避短，用以提升茶叶的香气滋味。

6 睡衣风，那明朝人玩剩下的

“卫衣 + 纱裙”“礼服 + 球鞋”“西装 + 沙滩裤”……时尚圈里各种混搭层出不穷。服装混搭，早在明朝，我们的祖先就玩过了。明朝男人最爱裙子 + 袍子的混搭居家 LOOK，相当于今天流行的“睡衣风”。此外，明朝人还喜欢玩 Cosplay，娼妓乐工，这些在当时属于“贱民”的行业，到了晚明时期，只要破费点银子，就能弄一套王公贵族家的礼服，得意洋洋地穿出来，在大街上大摇大摆耍威风，更有不明真相的群众朝他们慌张下拜。

7 混搭界的扛把子——中式家具

很多人诟病中式红木家具老气横秋，那是因为你买了客厅十件套吧。中式红木家具或娟秀或劲挺，可厚朴可柔婉。性冷淡的北欧风里搭配罗锅枨方桌，在繁复华丽的欧式窗台前放一把交椅，美式田园风情布艺沙发旁来一组矮官帽椅，简约的日式房间里放一架明式衣架，玄关处的格栅，墙面上的装饰窗格，中式家具不出戏不抢戏，却又是让人无法忽略的存在，可以混搭所有家装风格。记得要买单品，不要买全套！

8 古典的流行的都是音乐的

把德雷克的流行歌曲《*Marvins Room*》融入柴可夫斯基的一段圆号独奏中，同时把马勒、巴赫、贝多芬、德彪西、拉威尔、布莱兹、贝克特、施托克豪森的音乐糅成一首曲子，莫扎特和披头士，勃拉姆斯和电台司令，巴托克和比约克，这一对对看起来画风不搭的组合，37 岁的作曲家、指挥家斯蒂芬·哈克曼正在把他们混搭起来，有人赞他有人弹他，这样的混搭，你会喜欢吗？

（明） 唐寅《陶谷赠词图》/ 台北故宫博物院。

向往金曲·《房间》

词：刘瑞琦 曲：格非

插画 / 綿花一朵 elllustration

在这温暖的房间 / 我于是慢慢发现 / 相聚其实就是一种缘 / 多值得纪念 /
在这温暖的房间 / 我们都笑得很甜 / 一切停格在一瞬间……

CHAPTERS 10

时光 de 味道

水彩画 / 李月香

上海熏鱼

客　人：戚微、佟丽娅
主　厨：黄磊
食　材：草鱼、姜片、葱段、盐、糖、酱油、醋、花椒、大料、桂皮、香叶、丁香
做　法：

1. 将香料用干锅炒香之后加入水；
2. 加入酱油、盐、糖，中火焖 5 分钟，捞出备用；
3. 将切好的鱼块放入油锅，炸至金黄，捞出；
4. 将初炸过的鱼块再次入锅油炸；
5. 将二次油炸过的鱼块捞到备用的熏鱼汁里；
6. 浸泡 20~30 分钟，让鱼块完全吸收汁液，最后捞出即可。

时光的味道

文 / 艾柯

时间是世界上一切成就的土壤。时间给空想者痛苦，给创造者幸福。

——麦金西

时光是最惊天动地，也是最润物细无声的魔术师。食物，自然也难逃其手。说到时光的味道，很难让人不想到那些经时光之手，变得令世人或欲罢不能、或闻之色变的食物。

时光是鬼斧神工的味道魔术师

时光造就的食物，常毁誉参半。这种状况可见于同一种食材做成的不同食物，更有甚者，同一种食物，集两极评价于一身。

从 2018 年开始，叱咤美食界，跨正餐、零食、中式点心、西式甜品乃至冰激凌的食材单品，非咸蛋黄莫属。必胜客适时推出咸蛋黄冰激凌，和路雪推出咸蛋黄奶昔杯，另有蛋黄酥、咸蛋黄饼干，无一不是网红。

咸蛋黄出自咸鸭蛋。咸鸭蛋是用新鲜鸭蛋和盐，辅以高度白酒，经少则一个月、多则一季的时间腌制而成。而同为新鲜鸭蛋经过数月腌制的松花蛋，对于某些人群而言，就是暗黑料理界的王中之王。

松花蛋，又名皮蛋，被 CNN 评选为“全球最恶心的食物”，说它“味道吓人，外型怪异，是‘恶魔生的蛋’”。即使国人，无论是面对其散发出的略为刺激的氨味，还是口感滑腻半凝固的蛋黄，也有难以接受的。

鸭蛋，同一种食材，假以不同的配料和做法，经过时光酝酿，形色、口感、味道、待遇迥异。一枚鸭蛋这样的奇遇，全赖时光之手。

而时光带给酸笋、蓝纹奶酪的，就是另一种情形了。

2018 年年底，淘宝发布了“2018 年民间美食地图”，其中螺蛳粉以 2840 万份的销量冠居“民间美食地图上榜食物”榜首。螺蛳粉素以“臭”而闻名于世。曾有美食测评公号发文标题“泡了 20 包螺蛳粉后，老板以为厕所炸了”。但凡吃过螺蛳粉的人想必都能回忆起，那头发上、衣服上、筷子上，乃至皮肤上，久久不能散去的特殊臭味。臭并被追捧着，酸笋是这道美食的“萧何”，即谓香也酸笋，臭也酸笋。

广西多山，山中盛产竹笋。每年冬春，砍下竹笋，家家户户都会腌制酸笋。从口味和外形都清新脱俗的鲜笋到臭出境界的酸笋，除了腌制技艺，少不了时光这味催化剂。

不仅古老的东方人善用时光制作特殊又评价两极的美味，西方人同样精于此道。

如果让国人投票选西方的暗黑料理，蓝纹奶酪即使不能登顶榜首，也必不会落出前三。拥有两千多年历史的蓝纹奶酪，口味辛辣浓烈。不同人能从中吃出不同层次的臭味，臭型从榴莲臭、袜子臭到臭豆腐臭，不一而足。然而，蓝纹奶酪是法国、丹麦正餐中最高级的奶酪，被丹麦人称为“拥有天使面容的奶酪”。它所拥有的丰富而特殊的风味，正是绿霉菌在漫长的时光中与奶酪相濡以沫产生的。

如果说时光在鸭蛋、竹笋、奶酪上尽展其俏皮魔法，那么追捧者众的国民级美食们——火腿、酒酿、纳豆、泡菜、大酱，就是时光的温柔之作了。这些具有几千年历史的美食，以各种形式存在于人们的餐桌上，从不曾褪色。

纵观人类历史数千年，横跨地球每一个经纬度，智慧的人类、万能的时光二者强强联手，发明了无数美食，滋养着人类的味觉和身体，形成了无可替代的时光的味道。

越陈越醇的酒和茶

经时光之手而生的味道，在食物之外还有两件作品，对人类的影响比食物有过之而无不及。

女儿红大约是被赋予最多想象空间的酒。

产于浙江一带的女儿红是糯米酒的一种。中国晋代上虞人稽含的《南方草木状》记载：“女儿酒为旧时富家生女、嫁女必备物。”当时浙江一带，尤其是绍兴人家里若是生了女儿，就在孩子满月时，将数坛上好的糯米酒用泥封口，或埋于地下，或藏于窖中。待得女儿年过及笄、盘发出嫁之时，将酒取出，是为“女儿红”。

从糯米到米酒，短则数十日，长则经年，完成食材性、状、滋味的质变；再从新酿米酒到十数年陈酿的女儿红，酒的口感从刚劲到绵柔，味道从单一到丰富，完成了品质的跨越。人类什么也不用做，只需耐心，便可坐享其成，皆得时光所赐。

还有一物，人类也是只需耐得时光，就能在色香味上有非凡体验的，是普洱茶。前些年的普洱茶热，其疯狂不逊于17世纪的荷兰郁金香热。与郁金香不同的是，普洱茶入货到手后，只要保存得当，便可越存越有好口感、好味道，也越升值。这一特质，也让茶客更笃定地将一饼饼一箱箱普洱茶收入囊中。

茶叶业内有一种说法，早期人们并未发现普洱茶随着时光而愈陈愈醇的特质。早在明清，广东、福建开埠时，茶叶与丝绸、瓷器并列出洋贸易的三甲。普洱茶生于云南深山，古代运输主要靠马匹和木车。生普洱茶被制作压制成饼后，翻山涉水，运到广东和福建沿海的港口，已经风吹日晒了数月。茶商偶尔打开一饼泡来解乏，发现茶的色泽、味道、口感已经迥异于从云南出发时的生茶。几个月路途上茶叶在湿热空气中的发酵，已非当日未曾经历过时日的毛头小子。

且不论这说法有几分真实，有几分后人的猜想，但时光之手将性寒伤胃的生普洱茶变成温润的发酵茶，是人类获自然礼赠的又一佳酿。

味道是架时光机

时光之于食物，更多在于对其性味的改造。而食物之于时光，则像是一枚跨越时空的介质，串起了人生不同阶段的时光；又像是机器猫口袋里的时光穿梭机，能把人瞬间带去另一个时空。

在《向往的生活》第二季中，戚薇来到蘑菇屋做客，点了一份黄磊做的熏鱼。吃第一口，她就哭了。戚薇是四川人，从小在成都长大。熏鱼是经典的上海本帮菜，本非天府之国家常菜。放下筷子，戚薇说出泪目背后的缘由。原来，戚薇的外公是上海人，熏鱼是外公的拿手好菜。外公走后，戚薇再也没有吃过熏鱼。黄磊这次的出品，与外公当年的手艺味道极似。

那口熏鱼，也像开关一样，瞬间打开了戚薇对外公的回忆之门。

类似的经历，我也有。这几年小龙虾成为社交餐桌爆款，我与朋友试了城中数家传说中味道何其正宗、何等惊艳的小龙虾后，便不再尝试——实在没有我记忆中妈妈做的味道好，索然无味。一个周末早晨逛菜市场时，意外看到鱼池中生龙活虎的小龙虾，立刻买了两斤，回家路上向妈妈讨了方子，配齐调料。到家如法炮制，揭开锅盖那一瞬间，一阵激灵直冲天灵盖，童年暑假时空气中炙热又清新的味道、天空的湛蓝色、妈妈在厨房忙活的背影、西瓜的清甜香气，一切都历历在目，仿佛置身那一个个夏天。是的，妈妈做的小龙虾和西瓜、绿豆汤一样，是我童年每一个暑假的味觉记忆符号。妈妈的味道无可替代。妈妈做的小龙虾，于我，就是时光机。

不光食物，一切有味道的东西，皆有此神技。

多少男人终其一生都难以忘怀某一款洗发水的香气，某一支香水的味道，女人亦复如是。之所以难忘，那是一段时光的味道，一段记忆的味道，一个深爱过的人的味道。

人如酒、如茶、如食物，历久弥新。

一口熏鱼、一支香水打开尘封数年的回忆。

对人，时光抚平记忆，也炸开记忆。对食物，时光抚平味道，也炸开味道。正如巴尔扎克所说：“人的全部本领无非是耐心和时间的混合物。”

新酿的酒，无论东方传承的粮食酒，还是西方传承的葡萄酒，都有入口冲、易上头的烈性。存放几年后，再拿出来，烈性不再，入口只有醇柔，不会上头，却有回甘在口。这是时光对味道的抚平。

新鲜的牛奶，对于乳糖不耐受的人群，是胃肠的灾难；历经一夜发酵成酸奶后，变得容易被身体接受，成为促进胃肠消化的良物。这是时光让食物变得柔软，从而更易让人接受。

而小清新的林间新笋历经长时间的腌制变成酸笋，滋味甘淡的奶酪慢慢发酵成蓝纹乳酪，则是被时光炸开了味道，仿佛宇宙大爆炸，令其味道有了无穷可能，只待人们去尝试、去发现、去反复、去迷恋。

无论西医，抑或中医，都发现了但凡发酵过或经历了漫长时光潜移默化的食物、茶、酒，都会变得更温和、更宽厚，从而更易被人体接受。

有句训话叫“少不读‘水浒’”。意指少年性刚烈，如新酒、新茶，锐气十足，但易伤人伤己。人到中年后，经历了时光浸润、发酵、沉淀后，曾经的百炼钢，大都化为了绕指柔，更柔和、更丰富、更有力量。

流水它带走光阴的故事改变了我们。时光是魔术师，润物细无声地让人改头换面，变成另一个人的同时，也让人在绕指柔的暮年一瞬间因某种因子回到曾经的如钢少年。

这就是时光的味道。

腌腊肉 & 泡酒

腊肉通常在腊月制作，所以叫腊肉，跟所有腌制食物一样，最初是为了保存吃不完的肉食，后来倒成了一道人们到时节就念想的独特美味。想要腌出好吃的腊肉，除了选肉选香料选柴火，更要掌握好腌和熏的时间和分寸。正宗的湖南腊肉，腌 7 天熏 7 天，间中必须时不时翻弄观察，有没腌入味，熏得是否到位，全凭经验给出的标准。

以前，上年纪的人都喜欢自己泡点养生酒或药酒。现在，流行拿青梅、葡萄、猕猴桃等泡果酒。通常当季有什么水果就做什么果酒，浸泡的过程中，水果本身的糖分会被酵母菌发酵成为酒精。

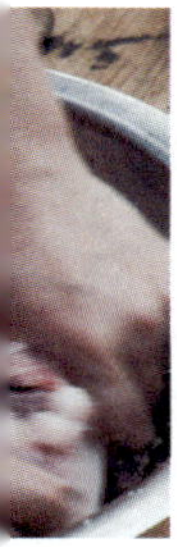

4 将腌好的咸肉穿线

5 将肉挂在通风处，烟熏别有风味

游戏

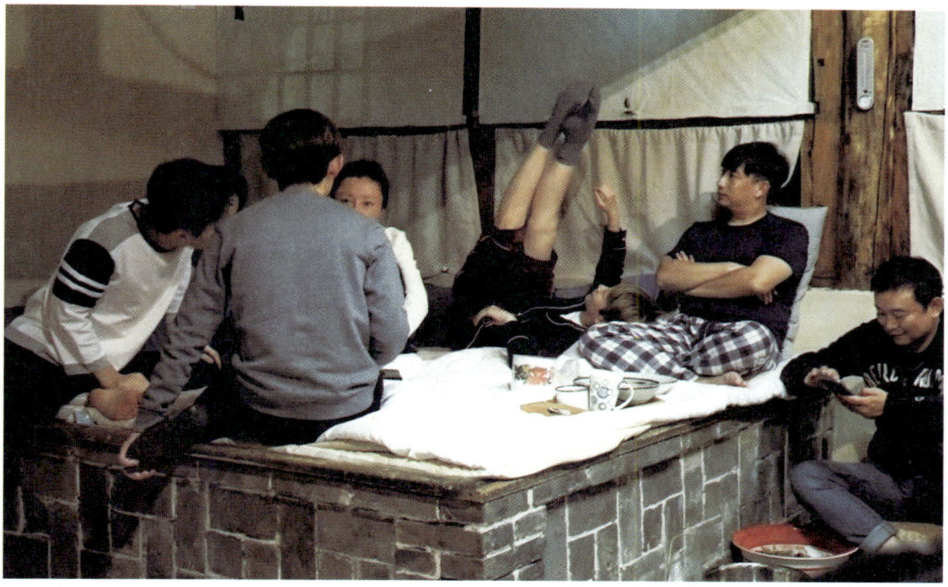

滑冰 & 炕头瘫

大冬天的，去外面玩，首选滑冰。

两队比赛，每组三人参赛，一人趴在竹匾上，两人合力将他推出去，看哪组推得远又准，太远超过界限要扣分，太近没入线零分。考的是每三个人的合作，最后计小组总分。这样的滑冰没玩过吧？只要有块冰地，一块竹匾就能让所有人一齐玩起来，再冷的户外都能热火朝天。

大冬天的，家里蹲，一张大火炕是最聚人气的地方。

坐着躺着歪着斜着，怎么舒服怎么来；打扑克，聊大天，吃零食，想玩哪样玩哪样。谁让咱都是随意又任性的人呢？

穿越去这些年代，我们能做些什么？

文 / 林葭

在浩瀚的时间长河里，我们选取人类历史上的8个高光时刻，排名不分先后，这里面有没有你想穿越的年代？

1 到春秋战国，追随孔子周游列国

春秋战国时期天下大乱，民不聊生，却诞生了空前繁荣的物质文化和精神文化，以孔子、老子、墨子为代表的三大哲学体系，形成了诸子百家争鸣的繁荣局面，对中国人精神世界的影响持续至今，可谓是中国人的第一次启蒙。穿越到这一时期，可追随孔子，随他花费14年时间，走遍卫国、宋国、郑国、周都洛邑、陈国、蔡国等等大小十几个国家，讲学、传播思想。

2 到大航海时代，去发现新大陆

15 世纪末到 16 世纪初，欧洲人开辟横渡大西洋到达美洲、绕道非洲南端到达印度的新航线以及第一次环球航行成功，这一时期被称为大航海时代。对黄金、香料、丝绸的渴望，对神秘东方的渴望，对未来和未知的探索，驱动着恩里克王子、达·伽马、哥伦布、麦哲伦等航海家们一次次启航，世界的版图终于在人类面前徐徐展开。

3 到盛唐，和诗人们把酒言欢

盛唐风华为什么令今人迷恋？除了强盛国力、物华天宝、人杰地灵，最重要的还有诗歌。如果穿越去唐朝，我想邀李白醉一场“陶然共忘机”，在不见人的空山邂逅王维，与杜甫登高望远，随岑参征战沙场，和江洲司马听一曲琵琶，同李商隐共话巴山夜雨，登上滕王阁看“落霞与孤骛齐飞，秋水共长天一色”，在黄鹤楼上眺望“晴川历历汉阳树，芳草萋萋鹦鹉洲”。

4 到南宋，做一个自给自足的老百姓

在南宋临安做一个老百姓，是我能想到的最幸福的事。吃着鳖蒸羊、蟹酿橙、荔枝白腰子、爆米花、腊八粥，下午茶是牛奶樱桃（陆游：樱桃乳酪并尝新），住着竹篱茅舍，屋外泉流曲折有致。酷暑难当，吴自牧在《梦粱录》中记载南宋临安人这样消暑：“湖中画舫，俱舣堤边，纳凉避暑，恣眠柳影，饱挹荷香，散发披襟，浮瓜沉李，或酌酒以狂歌，或围棋而垂钓，游情寓意，不一而足。”

5 到文艺复兴时期，看三杰相爱相杀

发生于公元 15 至 16 世纪的文艺复兴运动，发端于意大利佛罗伦萨，后迅速扩展到欧洲各国。在建筑、雕塑、绘画等各艺术门类中，乔托、马萨乔、多纳泰罗——一位位伟大的艺术创造者、一件件不朽的杰作，将文艺复兴推向高峰，

它冲破中世纪神学的千年枷锁，迎来了欧罗巴的黎明。

其中，达芬奇、米开朗琪罗、拉斐尔被称为“文艺复兴三杰”，实际上达芬奇比米开朗琪罗大23岁，比拉斐尔年长31岁，三人之间相爱相杀，留下一段段“八卦”。

6 到北宋，和宋徽宗喝一盏茶

书法家、画家、收藏家，宋徽宗的这些身份早为世人所熟知，而他还是一位茶人。他喜欢品茶斗茶，还深谙茶叶的采制之道，一篇《大观茶论》不到三千字，对于地宜、采制、烹试、品质都有细致周到的评述。《延福宫曲宴记》里记载宋徽宗演示点茶茶艺的一幕，让人读罢心里生出向往：“上命近侍取茶具，亲手注汤击拂，少顷，白乳浮盏面，如疏星淡月。”

7 到永乐年间，跟随郑和下西洋

明初永乐三年，34 岁的郑和带领 60 多艘大船、200 多艘中小船、2.7 万名船员组成了当时世界上最大的远洋船队，船上装着丝绸、茶叶、中药和瓷器，从南京龙江港码头出发。这支庞大无比的船队在 2 年后，满载珍禽、异兽、象牙、香料和外邦的“归顺之心”返航。此后的 28 年间，郑和分 7 次，先后访问了 30 多个国家，最远到达非洲东海岸和红海沿岸。如果能搭上郑和下西洋的船，放在今天看都是一件让人激动不已的事情。

8 到古典主义时期，听一场大师音乐会

古典主义时期是西方音乐史的第五个分期，从 1750—1820 年，在这个时期，音乐从教堂走入宫廷，并逐步走向社会走向民众，音乐的呈现更为简单、优美、动听。此时，维也纳成为欧洲音乐的中心，出现了海顿、莫扎特和贝多芬三位古典主义大师。穿越到这一时期，幸运的话，可以遇到贝多芬《第七交响曲》和《战争交响曲》上演。

1790 年油画《排练四重奏的海顿》/ 维也纳国家博物馆。

幸福不过是一场家宴。

我们每天在干吗呢，你所

包饺子总有种幸福感，它传递出来的就是幸福和团圆。

吃货的最高境界——吃到呆滞。

虽然是质朴的饭食，却包含着对食物满满的敬意，和对远
而来的客人的真挚诚意。付出的汗水，全部化为舌尖上的
足和味蕾上珍贵的记忆。

满怀欣喜地品尝食物，也更留恋在一起的时光。

吃到一个好东西，想到一个喜欢的人，这是很美好的

吃饭的人要粗枝大叶，做饭的人要有强迫症。吃是通往幸福的桥梁。

一切其实都是为了挣饭吃。

就着往事煮出来的美味饺子——听着你们的故事，我就把所有的过去变成食物了。

味道里添加了思念，就成了独一无二。

味蕾的无限幸福——从未停下忙碌的小身板，尽管已是步履蹒跚，但是仍然咬紧牙关，虽然身体虚弱，但也绝不放弃——这是劳动馈赠给大家的幸福。

是家人给美食爱的温度。

回忆其实很具像，是照片上的红橙黄绿，是磁带里的哆来咪发，也是饭菜中的酸甜苦辣。

所谓地道，不过就是家的味道。

向往专访

漫画 / 李雄飞

张子枫
拿起筷子夹菜，端起牛奶补钙

文 / 白莉莉

“天生没有综艺感”，这是张子枫的一个自我评价。

这个一度怀疑自己“面瘫”、被网友“亲切嘲讽”为在节目里“不会甩包袱”的 18 岁女生，愣是在蘑菇屋众人无处不在的插科打诨中自成一股清流。

她是客人来访时帮所有人默默挡住弹簧门的那个人，也是嘉宾尴尬时第一时间上前陪伴的那个人。在蘑菇屋里，她总是那个得到万千宠爱的人，黄磊公开称她“我闺女”，何炅也把她视作“年纪不大的老艺术家”，但她在蘑菇屋的状态，却还原了无数普通女生在家里的角色。

作为“年纪最小的那个”，她在席间总是默不吭声，但每当有人说话时，她总会凑近倾听，间中还不忘填饱肚子，比如“怒扒”四碗葱油面，以及拿起牛奶“一口灌”。

她承认自己宅，“不是身体上的宅，我是心理上的宅。身子在外面游走，心门却是紧闭的。”但在蘑菇屋，她通过各种劳作和农活，打开了和他人交流的沟通阀门。

“虽然妹妹（张子枫）很少说话，但她却一直在默默地干活。”这是潘石屹作客蘑菇屋时对张子枫的评价。没人想到的是，邻家小妹张子枫，竟然能和商业大佬潘石屹做“知己”。

潘石屹为小鸭子做鸭舍，也让张子枫燃起了对木匠活的兴趣。“我最近买了本木匠的书，当然还买了开锁工具，不过我开锁肯定不是为了干坏事，还是多为民除害吧。”

武能开锁，文能演戏。虽如此，但张子枫从不说自己是演员。她把自己看作是“拍戏的”。在蘑菇屋里的某次晚饭席间，她被大华问及“平时在剧组会玩什么游戏？”而她的回答是“看剧本”。

这或许就是她“没有综艺感”的一个佐证：演员沉浸在剧本里，自然就没时间去培养所谓的综艺感了。

张子枫说，她享受看剧本的过程，这或许就是她最向往的生活，也正如何炅所说的那样，“没有人规定童年的方式，只要他有自己快乐的记忆，那就是童年。”

张子枫说，如果童年能一直在蘑菇屋里度过，她的生活也许会不同。“在蘑菇屋里，我发现黄雅莉姐姐歌唱得好，花又插得棒，也见识到了潘石屹老师这样的商业大佬也能劈柴，做木匠活儿，蘑菇屋是一个能让人掌握更多技能的地方。”

参加完节目的张子枫不光对木匠和开锁活儿感兴趣，考古、洗胶片这些冷门领域也让她在平凡生活中找到了独特的乐趣。在蘑菇屋的每一天，她都不断在 get 新技能，难怪有人这样说：张子枫其实并没有参加《向往的生活》这档节目的录制，她只是在重复她每天会做的那些事情，就像自家女儿放假回家那样，捯饬起那些有意思但旁人未必理解得了的“怪事”，然后一边望着家人们海聊发笑，一边偷偷地拿起筷子夹菜，端起牛奶补钙。

“我只需要做自己就好了，我不需要去扮演其他人”

问：你在参加《向往的生活》之前，曾经去农村拍摄过宣传片，农村给你留下过哪些印象？

张子枫：谈到农村，我的第一反应肯定就是种田种地，然后过的是失去网络、远离手机的生活，条件会有一点小艰苦。

老实说啊，节目组最开始跟我提去农村拍摄的时候，我还是有“一丢丢”的小排斥，但我也很好奇：农村人天天到底在干些什么呢？

其实我奶奶算是半个农村人。虽然她居住的条件和环境没那么艰苦，但至少她不在城里生活。我奶奶自己在农村盖房子，她有一个属于自己的小菜园，我还记得小时候最有意思的事情，就是在小菜园边上看她养的那条狗跑来跑去。有时候我会喊饿，奶奶听完后一般二话不说，牵起我的手就进果园摘葡萄，架子上的葡萄越来越多，我们小孩子的嘴也越来越甜。

问：《向往的生活》这个节目有没有改变你对农村的印象？

张子枫：零距离地接触农村后，你才发现，原来插秧、犁地这些之前以为很简单、很容易的事情，落实到行动上是那么的繁琐和复杂。

以往一日三餐吃的菜，在下锅前是和你自己的手发生过接触的，这很奇妙，也很享受。以前我看到的只是一碗饭、一盘肉和一锅汤的这个结果，但蘑菇屋让我体验了在这些结果之前的过程。

录完节目以后，我对自己都要刮目相看了，因为我看手机的时间比在城里少得多了，因为我在乡村有太多事情要做和要学了！

问：你觉得节目组为什么要请你来做蘑菇屋年纪最小的主人呢？

张子枫：我其实是个特别慢热的人。我个人总结过，有两类综艺是不适合我的，一类是那种娱乐性质特别强的节目，比如立刻要你出彩，立刻要你蹦出金句或者做出好玩的反应的，我觉得我不适合；还有一类就是那种需要嘉宾运动起来的节目。我是个没什么运动特质的人，所以那些需要通过运动、游戏环节来带动现场气氛的节目，我如果参加的话容易尴尬或者怯场。

来蘑菇屋之前，我看过《向往的生活》这个节目，感觉它其实不是综艺娱乐节目，而是日子一天一天地过，让时间流淌的这样一个节目，不需要你展现什么才能，只需要真诚地对待生活就行。所以我挺庆幸能加入蘑菇屋，因为感觉我什么都没做，就已经吃上了好吃又可口的饭菜。

问：谈谈你对蘑菇屋其他的几位主人的印象吧。

张子枫：先说黄磊老师吧，我和黄老师就像一家人。我第一次去蘑菇屋的时候，黄磊老师给我一个大大拥抱的同时，还说“这是我闺女”。我和他一起演过电视剧《小别离》，我演方朵朵，他演我爸爸方圆，电视里的方圆就经常袒护方朵朵，生活里的黄磊也经常关心张子枫，比如他总是给我夹肉，随口就是一句“我闺女最爱吃肉”。

还有就是必须再次为他的厨艺点赞。我平时一个对肥肉没那么热衷的人，在每一期录节目时我都爱吃他做的肉，无论肥还是瘦。

何炅老师可以说是看着我长大的。我还记得我和他第一次见面是在《快乐大本营》，他是一个无比细心的人，就是那种起风了会回屋拿衣服给你披上的大哥哥。

我对大华哥（刘宪华）的印象停留在第二季。他很有才华，我觉得他挺会调动气氛的，有时候也特别搞笑。蘑菇屋里现在依然还有他的照片，看得出大家都还在惦记他。

彭彭的话就像我哥，虽然我平常老怼他，嫌弃他太胖什么的，但他是个蛮踏实、蛮能干的小伙子。大华哥走后，他算是蘑菇里年轻一辈的老大了，有客人来做客时，黄老师和何老师负责厨房，彭彭的工作也很辛苦，因为他得照看动物，去协调蔬菜，甚至还要承担“交际花”的角色，去调节嘉宾之间的关系和气氛，我觉得他做得很不错。

问：在接触到的来蘑菇屋做客的人里，你对哪几位印象最深刻？

张子枫：雅莉姐（黄雅莉）教我插花，我现在对插花也挺感兴趣的。我和她聊过，她平常喜欢一些 DIY 的创意，这种对生活的热爱劲儿很值得我学习。

还有就是潘石屹老师。在节目里，大家都调侃他是“潘木匠”，但他其实真对木工活感兴趣，我在节目里和他协作完成了一个给小鸭子住的小房子，我觉得特别有意思，这也激发了我对木工和手工活的一些兴趣。

问：在蘑菇屋生活，你会感受到压力吗？

张子枫：你别说，一开始还真有压力，因为彭彭，也就是我哥的生活技能有点“碾压”我的意思，因为他砍柴比我强，生火也比我厉害，有时候我其实挺担心的，我怕我一不小心就把刚生好的火给弄灭了。

问：你说在蘑菇屋生活时，你看手机的时间明显比过去少了，你怎么看待这种生活？

张子枫：我觉得这就是一个打开生活的过程吧，就是在每一个平凡的日子里，大家都可以凑在一起做点事情。

有时回过头来细看，你会发现其实大家每天做的事情都是在重复：嘉宾过来做客，何老师、彭彭和我准备食材，有时候去抓鱼，有时去拔萝卜，累了就逗逗小动物，然后黄磊老师开始做饭，大家吃完后疯狂点赞。但大家凑在一起做这些事情，就是不会觉得无聊。

问：你内心最向往的生活是什么？

张子枫：每一天，我只需要做自己就好了，我不需要去扮演其他人。

我在蘑菇屋里能体会到的最开心的一点，就是我可以和各种职业、各种性格的人打交道，这些人里有歌手，有企业家，有运动员，也有演员，大家在这里都不会藏着掖着，在蘑菇屋里，彼此看到的都是最接地气的对方，这才是最真实、最打动人的地方。

我最向往的生活就是，我能做最舒服的自己。和一些喜欢的人和事物接触，一直聊天，一直玩耍，这就是我所理解的最好的生活。

CHAPTERS 11

团圆de味道

水彩画 / 李月香

蒸狮子头

客　人：刘纯燕、陈子由、毛不易、刘维、赵诚宇、
于文文、安悦溪、吴映洁
主　厨：黄磊
食　材：猪肉、雪梨、生姜、香油、鸡精、盐、酱油、糖、生粉
做　法：
1. 将雪梨、生姜、猪肉切成碎末，然后全部拌在一起；
2. 加入香油、鸡精、盐、酱油、糖、生粉一起搅拌均匀；
3. 用手将肉末团成球，放入热油中炸，待炸至金黄成形后捞出；
4. 将炸好的肉末包上锡纸，放入蒸箱蒸制。

团圆的味道

文 / 罗德岛

我们在一起，就是向往的生活。

——《向往的生活》

团圆是节日，注定有欢快、喜庆加持。

团圆是喜剧，即便悲剧开头，也要笑到最后。

然而，没有离散也就谈不上团圆，世事无常古难全。

我们不妨把每一次相聚视作下一次出发的动力，这样，每一次离别就将成为下一次团圆的起点。

吃团圆

先说说吃团圆。

原来，团圆指的是烙制的圆饼，饼内有馅，其馅或饴糖或芝麻，或桂圆或果蔬。饼上压有桂树玉蟾巧云花卉等图案。中秋的时候，民间用来祭月用的。

为啥叫团圆？概因祭月后，会按家中人数将圆饼切开，一人一块，各人持饼拼在一起而复为圆形，名曰“团圆”。因此，“团圆”很可能就是月饼的前身。

那时候，吃团圆其实是吃月饼。如今，但凡团圆都少不了吃。

亲友会面、好友重逢、老乡联谊、同学聚会，都少不了一顿饭的庆祝；生日、考学、结婚、满月、过寿、节庆，非一顿饭不能聚拢人气成其仪式。这都是团圆饭。

当然，最重要的团圆饭非年夜饭莫属。

以前，吃年夜饭，意味着有平时吃不到或舍不得吃的菜食上桌。

我们内陆地方平时很少吃海味，每到过年，家里就会早早地将干墨鱼、鱿鱼用碱水泡着，等到年三十的白天就开始炖熬。那种海产品独有的鲜香味好像能绕梁三日而不绝，胃口被十足十地吊了起来。到了晚上，一碗内容扎实而丰富的三鲜汤就是在年夜饭的桌上了，其实三鲜远不只三鲜，除了墨鱼、鱿鱼外，还搭配鱼丸、瘦肉、蛋饺等。直到现在，一说到鲜味，我的嗅觉和味觉就会约好了般，条件反射到年夜饭中的这碗汤上。

现在生活好了，在吃的方面，几乎到了没有吃不到只有想不到的丰富。年夜饭对大多数人来说，吃的是吉庆的意头、是热闹的气氛、是怀旧的念想。

有火锅，要红红火火；有鱼，要年年有余；有萝卜（又叫菜头），好彩头；有发菜，要发财；饺子像元宝，大吉大利之意；年糕谐音年高，生活事业一年比一年高升；汤圆元宵更直接，团圆标配。讲意头，就有了仪式感，有意头，团圆饭便多了乐趣。

提前一个月准备食材，到处采买忙的是热闹。女人们扎堆厨房你摘菜我切肉挤的是热闹。男人们欲拒还迎推杯换盏玩的是热闹。明明知道吃不完还是要七大碟八大碗图的还是热闹。若非如此，不能显示我们对阖家团圆、人丁兴旺的期待；唯其如此，才能表达我们对欢快美满的虔诚殷切。

广东有盆菜，安徽有一品锅，东北有乱炖，统称杂烩。一菜多样，荤素混搭，食材可随意选配，能高档也能经济，上得庙堂，下得围餐。加上“和合”的好意头，酒席宴请团圆聚餐，桌上堆得高高满满的，总能应景。这道历史悠久、热闹喜庆的大杂烩，摆到今天的年夜饭桌上，还能勾起不少人怀旧的念想。

湖南衡东的头碗，有点类似这种杂烩。鱼丸、蛋片、黄雀肉（并非真正的黄雀，而是面粉加红薯丝和猪肉制成的）、鹌鹑蛋、红薯、大枣和黑木耳是必须有的食材，通常将它们摆出七层的高度，形似宝塔。吃的时候，得从上到下一层层地吃。传统上，它是当地人办酒席上的第一道菜，所以叫头碗。如今，它也成了当地年夜饭的年味首选。

听一个衡东的朋友说，原来在家时并没有觉得头碗有多好吃，现在倒是一过年就会想起这道菜。只要回家过年，总要吃上一碗才觉得圆满，有过年的感觉。

大团圆（happy ending）

“团圆”这个词的典故据说是这样的。

在古代，五男二女成为一个家庭生育子女的标配，求子的人家都会祈求能生上五男二女，凑够七子才算得上圆满。自唐宋以来，七子团圆、十子全福就成为人们对生育方面的祝颂语言，也用来表示子孙繁衍，有福气。

在历代（特别是明清）小说戏剧里，七子团圆更成了大富之人的标志。

唐朝大将郭子仪，一生有七子八婿，富贵寿考冠绝古今。以他为题材的《满床笏》成了明清两代从官场到民间的重头戏。《红楼梦》里贾府唱酬神戏，贾老太太因拈着了这出戏而喜出望外，就是典型的例子。

团圆自古以来便与富贵福气相互锁定，无论个人还是家族对未来的全部期许也不过如此了。因此，盼望团圆、追求团圆难免在中国人的思想意识里根深蒂固。

木心在《文学回忆录》里说："中国人有个情结，姑称之为'团圆情结'，不团圆，不肯散，死乞白赖要团圆，不然观众要把作者骂死。"

追求戏剧影视作品的大团圆结局，对于中国人来说，不外乎人之常情戏之常理。

梁山伯与祝英台在生不能终成眷属，化蝶也要长相厮守；唐僧师徒历经九九八十一难，必得取到真经；牛郎织女算悲剧了，在凡间不能做夫妻，只能一年一度鹊桥相会。

直到最近的热播剧《都挺好》，明明小说原著结局写的是作死父亲苏大强晚年身旁无人、非常凄凉，啃老二哥苏明成出狱后投资失败，老婆与他离婚、终至下落不明，可是到了电视剧里这两人都被成功洗白，双双幡然醒悟重新做人；而一直被两人伤害拖累的女儿 & 妹妹——苏明玉，抹去了半辈子都抹不去的心理阴影，奇迹般地原谅并接纳了两人。

之所以改编成皆大欢喜而不是一地鸡毛，或许正是一直以来大众、特别是家庭伦理剧的观众对大团圆心理诉求所决定的吧。

毕竟，观戏看剧，在中国主流人群的观念里，仍然只是一种娱乐消遣的方式。既然是娱乐是消遣，图个乐放松一下不正是应有之义吗？

况且，人生苦短，生活艰难。大团圆结局好歹提供了一种超越现实、突破自身局限的梦幻感，让惨淡的现实有了亮色。

生命无常，团圆不易

2018年，导演陈可辛用苹果手机拍了一部广告短片《三分钟》，内容根据真实故事改编。

乘务员丁丁妈妈每年春节都在火车上度过，只能把孩子托给妹妹照看。怕丁丁不乖给妹妹添麻烦，妈妈平时对儿子一直比较严厉。这不，孩子准备上小学了，妈妈要求丁丁一定要背下乘法口诀表，不然“上不了小学而且见不到妈妈”。

这年春节前夕，小姨和妈妈约定，利用火车在老家凯里站停靠的三分钟，带丁丁来站台见一面。列车靠站，丁丁妈妈先得照顾上下车乘客，而丁丁要穿过水泄不通的人流艰难地往妈妈的方向靠近，等到两人终于碰面，时间只剩1分钟，与妈妈拥抱后，丁丁开始并不流利地背起了乘法口诀表。妈妈想打断她，一旁的小姨说还是让他背吧，孩子为这个准备了一个多星期。终于，要发车了。妈妈不得不含着泪上了车，车启动的一刻，丁丁终于背到了“九九八十一”。

短片在春节前放出，很快刷爆朋友圈，大家的泪点都被击中了。

团圆从来不易，“人有悲欢离合，月有阴晴圆缺，此事古难全”。人生无常，聚少离多是常态。

在古代，因为通信交通不便，远征的丈夫常年无法与妻子团聚。赶考的儿子一出门便是几载，如果碰上书信丢失，可能从此杳无音信。

到了现代，尽管有各种方式可以拉近彼此的距离，为团圆提供了可能性，然而，人们团圆的时候并没有增多，甚至从某种意义上来说还变少了。

就拿三口之家来说，夫妻只要有一个朝九晚六的上班族，每天的团聚就只剩下晚上下班之后。如果碰上经常加班及不时搭上周末的，那就与少了一口人又有什么区别?

对于大家庭，兄弟姐妹甚至父母，为了生活得出外谋生，有多少人选择离乡背井外出打工，就有多少留守儿童、空巢老人在家盼望团圆。

春节回家，很多人都说，忙了一年好像就为了这几天与家人团圆。

于是，团圆成了一个悖论，人们用长久的离散换来短暂的团聚，用持续的分别换来偶尔的团圆。我们好像只能选择不经常在一起，这样在一起的时光才显得弥足珍贵，这样在一起的生活才成为向往的生活。

导演王全安在他的电影《团圆》里，将这种悖论放在特殊的时代背景下，让人不由感叹命运之无常，生活之荒诞。

电影同样取材于真实的故事。一名台湾退伍老兵垂暮之年返回故地上海，寻找当年失散的恋人，并希望带她回到台湾。时隔多年，他的突然出现打破了这名女性和她现任丈夫原本平静的生活。她的上海丈夫虽然同意两人一同返回台湾，但内心却又无法平静地面对分离，妻子也同样陷入爱情、亲情、恩情的纠结之中。影片最后以昔日恋人送老兵返台结束。

在这里，“团圆”已然无法两全：台湾老兵与昔日恋人的聚首，要以另一个家庭的分离为代价。

不想，真实人物的情节更具戏剧性。丈夫两年后过世，老兵如愿接恋人到台湾，然而，在上海过了大半辈子的她并不适应台湾生活，又日夜思念上海，两年后老兵中风过世，恋人再次回到上海，如愿与子女团圆。

说不完的团圆故事。

包饺子 & 木工

对于不常吃面食的南方人来说，自己偶尔包饺子吃也算大工程了。和面、调馅、包、煮，最后吃到嘴里，即便味道的确比速冻的或外头买的手工饺好吃很多——而这对于非熟练工的可能性几乎为零，但还是觉得搭进去的时间精力多了，有点“入不敷出”，起码十天半个月都不敢再动这个心思。所以，还是佩服黄老师，蘑菇屋可包了不少次饺子，而且都是四五个人以上的量。

蘑菇屋有一本《木工全书》，巴图曾看它学做鸡窝，李诞曾用它做过狗笼，都没能从书上学到技能，直到热爱木工活的潘石屹又发现了它。何炅感慨“这次终于找到了它的主人了”。潘总做完鸭舍后得封潘木匠，何老师在他指导下顺利锯好木头直呼：“上次如果我有这样一个老师，我今天就有可能盖起一个 SOHO。”此后，潘木匠生意火爆，持续接到订单：木勺、话筒、平衡木、乒乓球拍，甚至黑管。看来，潘石屹自信木工“水平还挺高”，还是有理由的。

蘑菇屋全体朋友设计并制作。
纯手工打造！
见证我们的友谊和智慧

师徒配合默契
脚踩着 好

别信就对了
他说要什么有什么

游戏

打牌

唱 K

一条蛇服务

一开始，是 Tony 何给大家按摩。然后，彭昱畅提出，大家都排排坐，每个人给坐在前一个的人按摩，形成一条蛇服务。“不忍直视”的画面，全赖七个大男人的神奇笑果组合。为什么是一条蛇服务？因“一条龙服务”而来，有创意，赞一个！

关掉手机可以做的20件事

文 / 林葭

我们网购、约车、导航、叫外卖、批阅奏章般翻看新闻，享受手机带来的快捷便利。同时转动着酸痛的脖子，抠着开始起茧的大拇指，忍受被手机支配的恐惧。手机没电、没有WiFi简直煎熬，手机不在身边更是坐立不安，明知没有人找只是想拿起手机刷一刷。其实，离开手机并没有想象中那么可怕，不信，试试关掉（忽略）手机，做下面这20件小事，管它手机世界里风生水起今夕何年，你只是你自己。

1 **发呆** 独坐树下仰望天空放空，人来人往拥挤街头出神，发呆是最低成本的放松方式，随时随地，让眼神没有焦点，让大脑一片空白，让耳朵暂时失聪，哪怕只有几分钟，足以恢复元气。

2 **喝茶** 泡一杯绿茶，让鲜嫩芽叶在水中浮沉翻滚舒展；沏一罐乌龙，在氤氲水汽醇厚茶汤里寻香觅韵；煮一壶白茶，看时光把青气褪去留下岁月滋味。给自己一泡茶的时间，跟着它去旅行，在茶杯方寸间窥探风土人情，体会茶人的喜悦艰辛。

3 **睡觉** 关起房门，拉紧窗帘，盖上被子，睡到地老天荒。

4 **看电影** 不管剧透，不看评分，把自己交给荧幕，在剧情的跌宕起伏间，在镜头的承合转折中，一点点沉溺或者忍不住打骂。

5 **赏花** 春天的早樱、含笑、玉堂春，夏天的栀子、荷花、凤凰花，秋天的桂花、菊花、木芙蓉，冬天的梅花、水仙、山茶花……一朵花开的时间有多长，一种花的单瓣和重瓣之间相差多少花瓣？去赏花吧，它们从不叫人失望。

6 **阅读** 人丑就要多读书，虽然简单粗暴，却给人动力无穷。书中自有黄金屋，书中自有颜如玉。

7 **烹饪** 烙饼要烫面油、焖笋不撒葱花，生蚝和蒜苗更搭而干鱿鱼则喜欢和小芹菜在一起，我们从妈妈口里听来一道道经验，总结出一个个“秘笈”，在所谓美食家眼里不足一提，却总能讨好自己的味蕾。谁说番茄炒蛋一定得放糖、醋溜土豆丝一定要加醋？我做的菜我说了算。

8 **唱歌** 开心的时候，唱一首快乐的歌放纵自己。
悲伤的时候，唱一首忧愁的歌麻醉自己。

9 **运动** 健身、瑜伽、跑步、拳击、游泳、登山、打球——挥汗如雨时大脑分泌的内啡肽使人快乐，长期运动练就的健康体魄、良好身材、通透皮肤更让人快乐。

10 逛菜市场 鱼龙混杂、污水横流的菜市场变得文艺，应该是从汪曾祺爱逛菜市场开始的。不得不承认，光看那瓜果蔬菜绿油油水灵灵、鸡鸭海鲜勇猛而肥美，就够满足的了。更何况，热闹拥挤间，摊贩的笑脸，街坊的温情，让你更感生之乐趣。

11 陪伴 和小孩玩耍的时候一边看手机，陪老人聊天的时候一边刷手机，说的就是当下的你我他。要知道，小孩转眼就长大，老人一天天老去，现在让我们放下手机全身心去陪伴去倾听吧。

12 品酒 不吃烧烤，不摇色子，不需吆喝，不用干杯，只是纯粹喝一杯酒。

13 旅行 去看山河阔落，去看世间百态，去看那些即将消失的风景，去世界尽头看人山人海。走出去，才有活下去的勇气。

14 听雨 毛毛细雨只会在你头发上撒一层白糖，不愿留下声响；淅沥小雨能让新插的秧苗轻轻摆动，犹如蝴蝶振翅；倾盆大雨适合躲在屋檐下，听它啪嗒啪嗒溅起一朵朵水花；寒冬冻雨则要裹着被子隔着窗玻璃听；雷暴雨来临时记得千万不要站在树下。

15 焚香 李后主自制“鹅梨帐中香”安神助眠，《金瓶梅》中以“香茶木樨饼”做口香糖，五代骚客韩熙载桂花下焚龙脑，荼靡花前焚沉水——作为九大雅事之首，古人对焚香极尽考究之能事。闲时不妨效仿古人，虽不能那般讲究，但静心安神之意不减分毫。

16 **断舍离** 整理房间扔掉杂物，或者捋清思绪斩断困扰心境的丝线，都是一种断舍离，让身心处于宽敞舒适的空间，让人生处在自由自在的状态。

17 **画画** 每个人都是天生的画家，涂涂画画也是一种表达。只是有人拿起了画笔，有人还在犹豫。

18 **做手工** 毛毡、刺绣、衍纸、编织、剪纸、木工、手工皂——每一项都是消磨时间的好选择，无用而美好。若你非要找个用处出来，大概是以后帮小孩做幼儿园、小学的手工作业时能得心应手。

19 **打坐** 闭目盘膝而坐，调整气息出入，可养生延寿，可开智增慧，涵养心性，磨练意志。

20 **晒太阳** 此条必须在冬天操作，记得涂上防晒，不要晒脸。

向往金曲·《平凡的一天》

词、曲：毛不易

每个早晨七点半就自然醒 / 风铃响起又是一天 云很轻 / 晒好的衣服味道很安心 /
一切都是柔软又宁静 / 每个路口花都开在阳光里 / 小店门前传来好听的恋曲 /
不用太久就能走到目的地 / 人来人往里满是善意 / 这是最平凡的一天啊……

CHAPTERS 12

米饭 de 味道

水彩画 / 李月香

葱花蛋炒饭

客　人：徐峥、王砚辉、张杰
主　厨：黄磊
食　材：米饭（隔夜冷饭）、鸡蛋、葱花、油、盐
做　法：
1. 热油锅，顺便将米饭捣散；
2. 将鸡蛋倒入油锅中；
3. 等鸡蛋差不多都凝固后，米饭入锅，不断地翻炒；
4. 放入适量盐和切碎的葱花，就可以出锅了。

米饭的味道

文 / 罗德岛

“饭者，百味之本。饭之甘，在百味之上；知味者，遇好饭不必用菜。”

——（清）袁枚

米饭可以没有味道，唯有它的平淡，才让一切菜肴有了滋味。

米饭也可以很有味道，就像空气和水，当你感觉到它的存在时，滋味自在人心。

广东人用“米饭班主”称呼老板或领导，意指那个赏你饭吃，提供你生活保障的人。

《金刚经》一开篇，佛陀就在教我们如何吃饭。原来吃饭也能成为一种修行。

米饭很重要。

好好吃饭，好好生活。

米饭里有糖

小时候，喜欢把米饭含在嘴里，就像含着一颗硬水果糖那样，让饭粒在分泌的唾液里浸泡出甜味，每一口都舍不得咽下去。大人说“米饭里有糖”果然不是骗人的。

然而，没几个妈妈能忍受小孩这样。性子急的图省事的，那就喂吧，我就被强迫着喂到小学六年级。当时，我便暗暗在心里许愿，总有一天我要从头到尾，一口口地含完一碗饭。

可惜，到我能自由决定吃饭的节奏和方法时，我含饭的习惯已经被我妈彻底地改了过来。我学会了我妈喂我的方式，下意识地夹一筷子菜，和着饭一起送到嘴里。就这样干了几十年，直到最近。

想要减肥。开出的方子都有一条：吃饭时细嚼慢咽。问题是吃着吃着就快起来了。再找，有了：先吃一口菜，还要先吃青菜再吃肉菜，然后来一口米饭。据说这样既能少吃米饭，又增加了饱腹感。

试了试，速度果然慢下来，一碗饭吃完，真的有之前两碗的满足。而且，吃到了久违的米饭的味道。之前，除了特别香的泰国米、特别软糯的东北米外，其他的米贵也好贱也好，在我嘴里都没大区别。

倒不是说我现在对各种米的差别开始敏感了，就是嚼着嚼着，偶尔会有甜味，蚯蚓一般从牙缝口腔那么一钻地冒出来。口感也不错，怎么说呢？有嚼头，是只有米饭才给到的现场感，是那种平平淡淡总是真的实在感。偶尔这么专注地，不和着菜地吃一口米饭，往玄乎一点儿说，居然能找到一种不辜负的感觉，不辜负农民汗滴禾下土的辛苦。

这些年对吃越来越讲究，连带着米的花样也多了好多，什么五常米、早稻米、新米、一季稻……多数从小在城市长大的人，五谷还没完全扫盲，又开始辨认起这些分类精细各有来头功能不一的米。

朋友圈里有个晒一日三餐的妈妈，会去世界各地找米做饭，晒出来的米饭五颜六色的，看着就很有食欲。她对各种米的来历营养价值也是如数家珍，唯独不吃纯白米饭。也是一种极致了。

对米有追求，对做饭的锅就更不能马虎。这些年，大家前赴后继从日本大老远地背锅回来，究竟做饭效果如何不知道，但对国产锅技术的突飞猛进绝对起到了积极促进的作用。

几年前，家里买了一口国产电压力锅。用它做的第一锅米饭，米粒颗颗晶莹饱满，面上泛出一层油光。对比之前的饭，感觉我家的米都被屈才了，终于等到这只锅出现，可得攒足了劲，把自己全部的价值都发挥出来。家里也有一口从日本背回来的，号称专门为煮饭设计的锅，煮出来的饭只是颗粒分明而已。这让我对国产锅开始有了好感。

作为早餐的米饭

无论是扬州炒饭，还是西北的酸菜炒米，要做得好吃，都必须用隔夜饭，也就是前一晚的剩饭，这样水分更少，炒得透，才有嚼头。《向往的生活》中，黄磊还用隔夜饭做过粢饭团、蛋炒饭，卖相也是相当不错。

将隔夜的米饭作为第二天的早餐，应该也是生活水平不高时的权宜之计。中国人在钻研吃这件事上从不受外部条件限制，反而有戴着镣铐跳舞、化腐朽为神奇的创意。想吃干的？糯米鸡、烧麦、酱油拌饭……胃不好不喜欢油腻？泡饭、汤饭、各种粥……无论走到哪儿，给我一碗米饭，我能让你的早餐一周不重样。

有一次，因为太晚交通不便，住在大山里的村民家。第二天早上起来，村民招呼我去堂屋吃饭，一桌子的菜，饭是新鲜刚煮的，整个儿是平时午晚餐的规格，我心里想，村民果然朴实热情，单为我一个人准备得这么周到。

只是，大早上的，哪儿吃得下？家里一个年轻后生好像看出了我的心思，笑着解释，要干一上午的农活儿，所以我们早上都是吃正餐的，只有这样才能扛得到晌午啊。

那年去云南茶山，听一个女茶商讲她小时候的故事。20世纪70年代，云南的茶山上还有熊，家里条件不好，也会上山打猎，拿去集市卖。有一天，女茶商的爸爸打了一头熊，处理后，留了点熊油在家里。女茶商——那时候也只是七八岁上下的孩子——早上起来，爸妈已经出门了，按惯例都是她做早饭，照顾更小的妹妹。那天，她找遍厨房就发现了这点熊油和前天晚上的剩饭。小孩子，也是敢想敢做，就着这点材料做了个熊油炒饭。她说这辈子就吃了这么一次，印象太深刻了。她一边描述还一边吊我的胃口，其实我第一反应是恶心、腥臭，哪有胃口。结果，她告诉我那碗饭有一种特殊的香味，味道很不错，是什么蛋炒饭酱油炒饭完全无法比肩的。遗憾的是，爸爸自那之后没打到过熊，山上也渐渐不让打猎了，熊油炒饭就成了她美味生活的绝响。

我一直怀疑这个故事的真实性，倒不是怀疑女茶商故意编个故事消遣的那种。如果是她编的，也好歹有点根据，起码也是从别人那儿听来的。就算是她的经历，人的记忆也是会自己编故事的。女茶商说过，小时候别说零食，饭吃不饱都是常有的。那种状态下吃到的美味，放到现在来尝很有可能不过尔尔。何况，人在饥饿状态下，得先吃饱了才能尝着味儿。女茶商记忆里的美味多半是吃饱的满足感吧？

但是，如果真如女茶商记得的，熊油炒起来完全没有异味，还特别香，可以设想用猪油炒一碗饭，米饭被油包裹滋润得晶莹剔透，那个香啊。给猪油炒饭打8分，那熊油炒饭怎么都得10分以上了，得好吃成啥样儿？

把饭吃饱

现在人说吃饭，其实主要是吃菜，讲究菜的营养搭配，口味好坏。再好的米饭，也是碳水化合物，营养价值有限，对要健身或控制体重的人来说，少吃一点更有利。

算起来，在中国吃饱穿暖不过是近几十年的事情，这之前，吃饱饭是大多数人每天面临的问题。从“廉颇老已，尚能饭否”到“人是铁饭是钢”，能不能吃饭，吃得多还是少，直接关系到一个人的身体健康状况。

“也不想想自己能吃几碗干饭？”“也不撒泡尿照照镜子？”一个吃，一个拉，说的都是同一个意思，中国人这语言，也是绝了。吃干饭而不是掺了水的稀饭，自然是因为家里有米吃得起，身体倍儿棒能消化，都是实力的象征。

记得当年，大学男同学，每到周末，哥儿几个都会凑钱去学校附近的小饭店打牙祭。去得多了，他们发现，饭店老板多了个习惯动作，只要看到他们出现，二话不说，先掀开半个身子高、用来盛饭的大木桶看看，脸上一副“真被你们吃怕了”的表情。

二十啷当岁的男生是最能吃饭的时候，彭昱畅在《向往的生活》里一碗接一碗地盛饭，如果被我妈看到了，肯定会无比怜爱欣慰地说，这孩子口子强（意思是胃口好），吃长饭（意思长身体的饭）。我爸妈这辈都挨过饿肚子的苦，最看不得年轻人说减肥，看到能吃饭的，都当自己孩子一样夸，“这样身体才好”。

在外面吃饭

忘了是从什么时候开始，上饭店吃，饭是要另算钱的。直到现在，在老家湖南的一些城市，饭都是敞开了免费吃。环境差一点的排档放在木桶里自己盛，好一点的饭店每个桌分一大盆，不够了，无限制续添。做生意的自然算得很清楚，外面吃饭都是冲着菜来的，饭撑死了能吃多少？也不值几个钱。

这些年，有些湘菜馆也变“坏”了，“好”一点的还是上一大盆饭，按人头算饭钱；被“同化”的那些为了让这份饭钱收得师出有名，有的在每碗米饭上加几颗玉米号称粗粮饭，有的会特意挑了香一点靓一点的米来做，让我等吃惯免费饭的人也不好说什么了。

去年在新疆包车旅游，走南疆线时，路上饭店多是新疆本地人开的，没有米饭炒菜，只有汤面烩面炒面，连着几天，就总有没吃饱的感觉。这种饱不是胃里不充实，而是心里不满足，老盼着下一个点能遇上一家饭店，让我吃上一碗米饭随便配个菜就行。一日三餐，我是非得有一餐要正经吃饭的，所谓正经吃饭，就是必须有米饭 + 菜，菜可以很随便，老干妈都行，但米饭既不能替代更不能缺席。这可能真是个人饮食习惯问题。

作家阿城在《思乡与蛋白酶》中就说，人还未发育成熟的时候，蛋白酶的构成是有很多可能性的。因此，人在小时候就不要挑食，尽可能早地、尽可能多地吃各种食物，使自己的蛋白酶的形成尽可能的完整。长大了，走遍天下都不怕，什么都吃得，什么都能消化。

虽然，南方人吃米饭北方人吃面，好像算不得挑食，但这种因为地域而形成的饮食习惯多少也影响了蛋白酶的完整吧？

如今，不用出差或旅游，也能在自己的城市吃遍世界各地的特色食物。去外面吃饭多了，不知道会不会让这一代的孩子形成完整的蛋白酶，拥有一个世界胃呢？

劳作

摘玉米—脱玉米—磨玉米

何老师摘玉米摘到人生从没试过这么累的境界，刘宪华摘玉米次数问鼎蘑菇屋之最，也是唯一摘到想哭的人。脱玉米也是“耗死人”的节奏，即便有了手摇脱玉米机，面对小山一般的玉米，也是杯水车薪。直到喜提日打万斤的打玉米机，这个恶梦才告终结。磨玉米更是“人当驴用”，豪爽勤快的谢依霖本来拿它当饭后消化运动，无奈石磨脱凿，一干人拼了牛劲才修好，可见靠它磨玉米得费多大劲。

游戏

瑜伽 & 跑步

瑜伽属于身体拉伸放松的运动，集体治愈请参考李冰冰带大伙儿做的火炕瑜伽。一对一高难度动作标准，请借鉴李冰冰一手扳胳膊，一脚踹腰部，给黄老师做的教学演习，别看黄老师哎哟直叫，后来缓过劲来便直呼舒服想要再来。

把跑步当成一项娱乐活动，就得参照张钧甯、彭昱畅、陈伟霆这“一家三口”了。

先是张钧甯叫起，各种喊人、等人，当一屋人都梳洗完了，彭昱畅和陈伟霆才终于收拾停当。三人组上路了，胖到150多斤的彭昱畅没多久便显出疲态，张钧甯、陈伟霆又像爸妈一样，一边跑一边各种鼓励教导，十足一出伦理亲情剧上演。

盘点十大经典炒饭，总有一盘打动你

文 / 林葭

大概是祖先们的一次尝试，偶有吃不完的饭菜，不舍浪费，放一起加热收获了一锅意想不到的美味，这是我猜想的炒饭的雏形。随着工具的改进和技术的发展，蒸、焗、焖、炒、煲、烩，对米饭的各种烹饪方式应运而生，又以“炒”最广为流传，深受喜爱。

1 扬州炒饭

在炒饭的榜单里，扬州炒饭打头毫无悬念。相传隋炀帝巡游江都（今扬州）时把他喜欢吃的“碎金饭”传入扬州，然而更多人倾向于扬州炒饭出自民间。在代代相传的过程中，不断有“好事者”尝试加入不同的食材，虾仁、火腿、香菇、青豆、笋尖，令味道更为鲜美。清末民初，扬州厨师赴海外谋生，把扬州炒饭传遍世界各地。而今，扬州炒饭随处可见，真要炒好却有一番讲究。要做到“颗粒分明、入口软糯”，一要米好，二要善淘，三要善用火工，四要相水。

2 菠萝炒饭

岭南地区及东南亚一带气候温暖湿润，适宜菠萝生长，菠萝丰收时节，吃不完的菠萝用来烹制美食，菠萝炒饭应运而生，香气丰富的菠萝与米饭搭配在一起，米饭中混杂着水果的芳香，不失为一道美味。炒菠萝饭时，通常会加上虾仁、鱿鱼等鲜美海味，佐以青豆、萝卜丁增添色彩，炒完把饭装入挖出了菠萝肉的果壳中，色香味俱全。

3 咸鱼鸡粒炒饭

咸鱼鸡粒炒饭是一道港式炒饭，主要风味来自咸鱼带出的浓郁咸香。所用的咸鱼常见有两种，一种是马友咸鱼，另一种是曹白咸鱼。两种鱼的口感各不相同，其中马友咸鱼的口感细致，入口即化，曹白咸鱼可以制作出有鱼肉纤维感的咸鱼鸡粒炒饭。

4 酱油炒饭

没有什么炒饭比酱油炒饭更简单更接地气也更美味了，当猪油和米粒充分混合，炒得干爽松散时，快速往锅中倒入酱油，待饭粒吸饱酱油，淡淡上色时，马上起锅装盘。切记不要多此一举加入鸡精、味精之类的调味品，酱油的鲜美是其他任何调味品所无法代替的。

5 生炒糯米饭

其他炒饭炒的是蒸熟煮熟的米饭，广东的生炒糯米饭却是通过“生炒”方式来使得糯米熟透。一碗生炒糯米饭，食材包括糯米、粘米、冬菇、虾米、瑶柱、腊肠、鹅润肠、腊肉、鲜鱿、土鱿等，“生炒”的烹饪方法让糯米饭的香味更为丰富，软糯中带着爽口。

6 蛋炒饭

大部分炒饭都会加鸡蛋，这里讨论的是只加鸡蛋不加其他食材的蛋炒饭。虽是一道入门级别的炒饭，然而先炒饭还是先炒蛋，蛋黄蛋白要不要分开炒，用花生油还是用猪油，米饭要不要先裹上蛋液都可以争论上一番。至于怎样最好吃，大不了都做上一遍，让你的味蕾做出选择。

7 西班牙海鲜饭

西班牙海鲜饭起源于西班牙瓦伦西亚附近的阿尔布费拉潟湖附近，捕捞和水稻种植是当地最主要的生产方式，当地人做的米饭也是用尽他们能找到的一切食材。番茄、洋葱、青豆、鸡肉、大虾、鱿鱼、青口、牡蛎以及藏红花，藏红花带来了特殊的香气，以及黄橙橙的诱人颜色。

8 印尼炒饭

在印尼的传统餐桌上，印尼炒饭通常出现在早餐时段。为了消耗前一夜吃剩的冷饭和少量的肉类，第二天早上，煮妇们就加入一点新鲜的蔬菜和鸡蛋，做成炒饭。没有固定的菜谱，比较常见的配料有当地甜酱油、香料、辣椒、炸蒜粒或炸红葱头，甚至鱼露、虾酱、棕糖、茄汁，更丰盛的还有沙嗲串烧、虾片、煎蛋。

9 咖喱炒饭

咖喱炒饭用料十分丰富，鸡肉、洋葱、芫荽粉、黄姜粉、红椒粉、辣椒粉、咖喱粉（酱），还要用上椰奶，然而神奇之处在于，所有材料在咖喱面前都黯然失色，只需要一点点咖喱，异域风情扑面而来。

10 潮汕柯饭、闽南咸饭、宜兴菜饭

潮汕柯饭、闽南咸饭和宜兴菜饭，三者看似炒饭，做起来却是炒和焖相结合，对火候和水量十分挑剔。基础做法是将肉放入烧热的锅里煸炒出油花，倒入事先浸泡过的大米，翻炒均匀后加水，焖至米粒熟透，米香四溢，揭盖加入调料拌匀即可大快朵颐。

潮汕人的柯饭、闽南人的咸饭，多用芋头、南瓜、白萝卜、红萝卜等不易煮烂的食材，冬天用包心菜、大白菜，夏天用苦瓜、菜豆，水生的菱角，腌制的咸菜都不放过，靠海吃海，放入小虾米、干鱿鱼、海蛎干提味，老少咸宜。宜兴菜饭则相对“专一”，只用乌塌菜来煮，但肉一定要宜兴花脸土猪腌制的咸肉，米以当地产的粳米为上，最好的火候是有点锅巴。

日出而作，去东边的田里边锄锄土，去南边的鸡窝里头喂喂鸡，去西边的前院搭灶做饭，最后和一群好友到北边散散步，日落而息，不慌不乱，不追不赶，这就是我向往的生活。

（@再回首蓝天依旧 官博评论区）

向往的生活，顾名思义，就是过着自己想过的生活。 或是三五好友，结伴来访；或是自己一家，院中纳凉。抛去一身浮华，舍弃繁杂工作，放下肩上负担。就这样，带着一份期待，愉悦，简单，来赴一场老友的宴会。

（@灰色猫咪 官微评论区）

其实长大离开家乡后才发现，小时候拼命想逃离的地方，就是我们现在向往的生活。

（@隔壁万小仙 官微评论区）

不管是名人或是普通人，过好自己平凡或不平凡的小生活，有三两好友，有家人陪伴，足矣。别人都祝你快乐，我却愿你历经山河，觉得人间值得。

（@冗三水替 官微评论区）

向往是什么？是憧憬，还是仰望，又或期许。生活又是什么？是度日，还是体验，又或享受。 十里桃树满地栽，三月桃花落缤纷。老翁遥看皱眉头，谁人晓得心中愁？放眼望去游人欢， 云开雾散喜自来。心若知足必常乐，向往生活理因此。

（@MY-梦言 官博评论区）

蘑菇屋里有油盐酱醋的配料，有锅碗瓢盆的交响乐，有嬉笑怒骂的幸福歌，有我感觉真实又摸不到的梦。

（@吃货娜去了 官博评论区）

向往金句

“向往的生活”粉丝版

向阳草木蘑菇屋，湘西深处有人家，牛羊鸡狗同一笼，朝夕暮旦家务忙，炊饭炒菜黄大厨，清谈世语何老师，砍柴杂务彭童子，更遇嘉宾喜相逢，天霸隔墙聞天下，鸡群会面窃私语，活泼柴犬成一群，彩灯踱步寻野乐，田园放牧牛苏苏。
（@ 南国热带雨林的唐猫 官博评论区）

想有一个小院，房前养花，屋后种树，种几畦青菜挖一方鱼塘，养鸡养鸭养猫养狗，盘个锅头，糊个泥炉，远离手机，不要网络，日出而作，日落而息，做一个纯粹的山野农夫——看《向往的生活》，假装自己过上了向往的生活。
（@ 天街小雨的美丽家园 官微评论区）

《向往的生活》满足了被城市挤压着的我们的“审美的乡愁”，与其抱怨现代生活的快节奏、怀念理想主义的乡土生活，不如“快”地努力生产，同时也给自己留一些空间“慢”生活。
（@ 吃酸梅子的拗二拗 官微评论区）

或许没那么激动人心，没那么多笑点泪点，但因为 " 慢 "，我才能够在每天繁杂的生活里寻找到一丝安静的慰藉。生火做饭，下田种地，下水摸鱼，这些对于整日为生活忙碌的我们难以触及的事，看着他们惬意认真的生活，就好像我们自己也深入其中，过着向往的生活。感谢，让我也在某个时刻感到放松和惬意。
（@ wangfffhahah 官微评论区）

用心感受当下，享受当下，才是我们所谓城市人向往的生活吧？看你们，日起而作，日落而息，烧柴做饭，田间劳作，听似枯燥无趣，实则过得缤纷多彩。磊哥如掌事，手中握紧大勺；炅哥如管家，心思细密，不嫌操劳生活琐事；大华如大孩子，懵懂可爱时刻贡献年轻的力壮；小 H 正是小幼孩儿，负责吃喝拉撒和卖萌；再来个知己，时而吟唱作乐，时而促膝长谈，从艳阳高照相伴到皓月星空，这般惬意，果然是向往的生活。
—— 小敏（观众来信）

（辑 / 小辣椒）

番外

APPENDIX

动物们：非人类合作伙伴

“大家好，我们是‘向—往—四—子’！请多多关照！”

2018 年 9 月 12 日，四只小奶狗活力十足地宣告出道了。请注意，这是字面意义上的柴犬小奶狗。它们的名字分别叫“锅、碗、瓢、盆”；但据说差点也被叫“柴、米、油、盐”——毕竟是《向往的生活》——“首档狗比嘉宾还多的节目”的常驻 MC 之一，它们除了要上得了镜头、下得了厨房，还得承包所有萌点。

毕竟是“星二代”，目前来看，四小只表现都相当不错，只要一出现在镜头里，尤其是放饭一刻，必引起观众肾上腺素与弹幕的密集起伏，丝毫不逊色于它们的爹妈小 H 和小 O。每只小狗有不同的个性，“老大姐个子最小，但是脾气最大，和其他几只都要吵架。老三最贪吃，老四胆子比较小。老二还没发现什么特别的”。其中唯一的一个“男宝宝”小瓢，以霸道搞怪最抓镜头，喜提了“社会我瓢哥”的江湖地位。

回想三年前，在你眼里看着长大的小 H，从刚出生到“娶媳妇”，到现在连孩子都有了，而屏幕前的你，却还依然是只单身狗，一个人在深夜里吃着外卖傻乐呵地看着它们一家六口家庭和睦、早生贵子、狗丁兴旺。

事实上，蘑菇屋里的小动物丝毫不输来做客的明星名人——爱沉思的番鸭“哲学家”彩灯、爱偷听的山羊“隔壁老点”与“天霸”、听音乐长大的奶牛“苏苏”和今年刚诞生的两只小鸭子“潘小璇”和“潘小弢”。它们有农家畜禽俱全的样貌、却拥有宠物式被温和对待的幸运。因为这些“非人类合作伙伴”切切实实的生命轮回，蘑菇屋的乡村生活才更真实动人，生老病死浓缩于一个舞台，一如我们的自己的人生。（文 / 阿饼）

小H和小O

蘑菇屋四子—锅

蘑菇屋四子—碗

蘑菇屋四子—瓢

蘑菇屋四子—盆

记得那一天，上帝 安排我们见了面……

彩灯自传

尼古拉斯·灯 著

彩灯自传

我叫彩灯，一只小黄鸭，出生于2017年。我有很多家人，特别是有一只"丑丑土土"的小狗小H。这个狗总是喜欢追着我玩，我很怕它。后来它长大了，竟然还有一点好看。

渐渐地，我长大了，发现了自己真正的身份，我是一只有着一身五彩斑斓的毛的番鸭。后来，我开始了求学之路，懂得人生不只有柴米油盐，还有更多未知的等待去探知的领域。我几乎无法和旁人交谈，因为我不知道该说什么才好。于是我天天都在栏杆上思考各种问题，思考家和鸭生之间的关系，思考应该怎样和家人更好地相处。这次小H带着老婆小O和孩子锅碗瓢盆回家了，而我还是单身一人。孤独能使我保持更清醒的头脑，去思考鸭生！

各位，我去思考一会，回家再见哦！

鸡舍三姐妹

我有名字了
叫苏苏

3 年前，点点带着小天霸一起来到蘑菇屋，因总喜欢探出头凑热闹被戏称为“隔壁老点爱偷听”。2018 年 7 月，点点因急性肠胃炎去世。2019 年 4 月 28 日，天霸诞下一只小羊羔——为纪念其姥姥老点，小羊羔取名为“小不点”。

H4 成寰八方
好视去出！
长英 出庄
2016. 8. 10

雨里鸡鸣一两家，竹溪村路板桥斜，来到这样一个地方，还有世界级的小提琴，还有世界级的红烧肉，心里就两字，“满足”，谢谢，向往的生活！

——**Angela Baby**

慢慢发现您老了，慢慢发现我长大了
慢慢陪伴的时光不再短暂
一直想找到可以让时间停下的方法
现在找到了，来到这里，让一切慢下来
还想再来这里，当我快乐、不快乐的时候
爱🍄的每一个人每一个小动物！

2018. 4. 16 ♡

To the H4 family:
Take good care of my awesome Chicken House!
and his mom. 8.10.

蘑菇屋的第一自搭建筑 ↑
“华昊鸡舍”！
砖木结构，中式瓦顶，造型及稳定性完胜“巴图窝”
目前小黄、小花、小白还处于爱心阶段，没有入住
但我们有信心！

静静的开♡ !!!
2018. 5. 21

蘑菇屋的朋友们，你们！在这里非常每一口饭都香，每景都美，每一滴汗都每一个人都好，就是想抱，反正是太开心祝你们每天都开心说有啥愁的！没有！

何老师、黄老师华：人好，饭好活好！向往的大活！圆我真生活生不过如此，期回来！

——李

吃饼、吃面都不饿了
小昊、大华全吃饱了
四点了还没吃上中饭
—大华—

向往的生活
24小时的体验生活马上就要结束了，学习体验到了很多，感谢每一位家人做炉子，一起烧烤
这一天的时光会让我今生难忘（我们都好难忘生活）
《向往的生活》
谢谢家人
还有帅气的家人

来到《向往的生活》，干活多了，烦恼少了，肚子胀了，脑子空了，嗝声响了，心里静了，发呆长了，智慧多了，作为唯一在蘑菇屋待上两天的客人，我想变成这儿的主人。

——**王迅**

啊！
我还想
我还会再
我不想走
我！
我不想
2018. 5.

有过过这样平凡又生活！一种全新的……心里很平静，脑机。早上五点就起感觉很充实又很不希望有机会可以再生因不同的经历才丰富多彩！！！

——刘国梁

昨天到现在，充实、美好、幸福，是真正我向往的生活！希望多一些这样的时光。感谢黄老师、何老师、大华、彭彭的照顾，不舍，再会！

以前向往的生活♥
是晚起、晚睡、休息、玩游戏！
刚来的时候，总觉得这应该叫健康的生活
但直到今天，我才懂得，我之前向往的根本不叫生活！什么叫生活，家人的陪伴，团结的力量，午夜的分享～来之前怕自己做的不好～后来每一个人都给我爱～爱真的是全世界最大的力量～感谢这里每一个人！让我感受到在都市、在工作中久违了的慢生活，真美好，我爱你们，下次我还来干活～

感谢黄老师、何老师、大华宝宝、彭彭宝宝，谢谢你们的关心照顾，帅气的一腿，爽到爆！确认过眼神，你们都是对的人。特别谢谢黄老师的煮点，真的谢谢！

手机被没收了，外界失去了联系，完全沉浸在我们那纯真、快乐……吃货的世界里，好开心啊！真希望有更多的时间融入在大自然当中——这就是我向往的美好生活！

——刘纯燕

开心、快乐、享受
这就是我向往的生活
感谢每一个家人，短暂的相处让我很难忘！
辛苦了!!!
爱你们

平凡又不平凡的一天
感谢所有主人们的照顾，这种幸福美好的日子是我所有人向往的生活。

向往的生活，来了之后感觉应该叫向往的干活。作为每次干活最少、出汗最多的人，深感自身体质需锻炼，感谢所有老师和小伙伴的纵容。

——毛不易

没有脚本，也不用刻意。竹海、草地、茅屋、池塘、钓鱼、采摘、做饭、荡秋千，随心所欲，悠然自在，内心平静。向往的生活，生活的向往，有向往才会有生活，有生活才懂得如何向往。

——倪妮

这就是向往的生活
谢谢何老师、黄老师、大华、彭彭们
希望蘑菇屋一直都在
希望你们尽快给H找个女朋友

后来的同学们，注意：1. 黄老师是个天才，请别让人家那么累；2. 有人提议举手表决，请格外警惕；3. 大华，也要警惕；4. 请所有访客同学放飞自我，越飞越高。

——张绍刚

快把我哥带走
非常的愉快
我哥又帅了
又长大了
大家非常的友好
最后，感谢让我体验了向往的生活 哈哈哈

我们，
你们，
小时候

是向往的生活
湖南卫视播出

我们在一起

民宿蘑菇屋
你也可以体验《向往的生活》

2019年的夏天，当第三季《向往的生活》刚刚屏幕收官，另一个来自线下的好消息接踵而至：向往的生活·蘑菇屋民宿已经升级改造完成，正式迎接每一位期望体验节目相同生活方式的朋友。浙江桐庐合岭村的蘑菇屋，这间担纲节目第二季拍摄的原址院落，现在成了《向往的生活》线下唯一的体验基地。只要你有心情也有时间，不妨邀上朋友或亲人换一种节奏，像明星嘉宾一样来这里小住两天，说话做饭、细数繁星，去山间农田体会劳作与丰收，在阳台堂前感受推窗看云、开门听雨的放松与悠然。

我们在一起，就是向往的生活，蘑菇屋等着你们。

向往的生活·蘑菇屋

向往金曲 ·《农夫渔夫》

词曲：小猛 演唱：大乔小乔

插画 / 綿花一朵 elllustration

如果有一天
我能够拥有一个大果园
我愿放下所有追求
做个农夫去种田
每一个早晨
我耕耘在绿野田园
每一个黄昏
我守望在乡间的麦田
我会把忧虑都融化在夕阳里
让孤独的心等待秋收的欢喜
……

如果有一天
我能够拥有一条渔船
我愿放下所有执著
做个渔夫住在海边
每一个早晨
我航行在晨曦的海面
每一个黄昏
我遥望在无际的海云间
我会把思绪都消失在波涛里
让澎湃的心等待风雨后的平息
……

我们会幸福地坐上弯弯船头
我们会停泊在爱人的码头